ISBN 978-3-662-27648-8 ISBN 978-3-662-29138-2 (eBook)
DOI 10.1007/ 978-3-662-29138-2

IX. Ergebnisse der Bakteriophagenforschung und ihre Deutung nach morphologischen Befunden[1].

Von

Helmut Ruska-Berlin[2].

(Aus der Medizinischen Universitätsklinik Heidelberg (Direktor Professor Dr. R. Siebeck) und dem Laboratorium für Übermikroskopie der Siemens & Halske AG., Berlin-Siemensstadt.)

Mit 6 Abbildungen.

Inhalt.

Einführung.

Bei der Suche nach apathogenen, filtrierbaren Mikroorganismen fand F. W. Twort (815) im Jahre 1915 in Pockenvaccine, die mit Glycerin verarbeitet war, Mikrokokken, deren Kolonien ungewöhnliche, wäßrig aussehende Bezirke zeigten. Die Veränderung konnte sich vom Rand einer normalen Kolonie über die ganze Kolonie ausbreiten und verlief bei jungen Kulturen schneller als bei alten. Das wirksame Agens war übertragbar. Aus transparenten Kolonien war es mit Leichtigkeit durch die feinsten Porzellanfilter zu filtrieren und in millionenfacher Verdünnung wirksam, d. h. es machte aus normalen Kolonien transparente Kolonien, die lichtmikroskopisch nur noch aus kleinsten, nach Giemsa färbbaren Körnchen bestanden. Ähnliche Erscheinungen beobachtete Twort an einem Bacterium der Coli-Typhusgruppe, das aus der Darmwand eines an Staupe erkrankten Hundes gewonnen war. Das transparente Material wuchs nicht mehr von sich aus weiter, konnte aber von Koloniebezirken, die dem Glasigwerden nicht anheim gefallen waren, wieder überwachsen werden.

[1] Herrn Prof. Dr. R. Siebeck, dem Förderer der Übermikroskopie, zum 60. Geburtstag gewidmet.

[2] Teil einer von der Medizinischen Fakultät der Universität Berlin angenommenen Habilitationsschrift.

In den Kolonien, die die beschriebenen Veränderungen überstanden hatten, war das wirksame Prinzip noch enthalten. Es konnte von Generation zu Generation auf die normal wachsende Ausgangsform der Mikrokokken übertragen werden. TWORT sah in seinen Beobachtungen eine akute Infektionskrankheit der Mikrokokken und betrachtete als Überträger ein ultramikroskopisches Virus oder ein Enzym, das von den Mikrokokken gebildet wird und zu ihrer Zerstörung, sowie zu weiterer Enzymbildung führt. Auch hielt er es für möglich, daß das wirksame Agens ein Stadium einer Bakterienentwicklung darstellt, das auf dem gewöhnlichen Nährboden nicht zu wachsen vermag, aber junge Kulturen anregt, in dasselbe Stadium überzugehen. Die Frage, was ein Virus sei, die kleinste Form eines Bakteriums, einer Amöbe, noch primitiver organisiertes Leben oder Protoplasma, das keine definierten Individuen mehr formt oder ein Enzym mit der Fähigkeit des Wachstums, ließ TWORT offen (vgl. auch 816, 817).

Unabhängig von diesen Beobachtungen beschrieb F. D'HERELLE (349) zwei Jahre später (1917) die Auflösung von Ruhrbacillen in Bouillonkulturen durch ein ebenfalls filtrierbares und fortzüchtbares Agens, das er als einen obligat bakterienfressenden, unsichtbaren Mikroben betrachtete. Auf festen Nährböden führte das D'HERELLEsche Agens zu einzelnen kahlen Flecken (taches vierges, plages stériles) in der Kultur, woraus er den Schluß zog, daß dasselbe keine chemische Substanz sei, da sich eine solche nicht auf bestimmte Punkte konzentrieren könne. Er legte damit von Anfang an, im Gegensatz zu TWORT, seine Auffassung über das Wesen des Vorganges fest und hat sie bis heute (907) gegenüber jeder anderen konsequent verteidigt.

Während TWORTs Beobachtung zunächst unbeachtet blieb und auf ihre Beziehung zum D'HERELLEschen Phänomen erst später von BORDET und CIUCA (91) aufmerksam gemacht wurde, gelang es D'HERELLE, der seine Entdeckung auch frühzeitig nach der Seite der Therapie ausbaute[1], die Aufmerksamkeit zahlreicher Mikrobiologen auf das neue Phänomen zu lenken. Ob das von ihm gefundene Agens mit jenem von TWORT identisch ist, blieb lange umstritten, doch hat sich die Auffassung von der Einheitlichkeit beider Phänomene (236, 569, 649, 669, 819, 820) besonders unter dem Einfluß der überzeugenden Versuche von A. GRATIA (300, 301) gegen die Ansicht von D'HERELLE (358, 370, 63, 914 u. a.) fast allgemein durchgesetzt. Wahrscheinlich haben schon vor TWORT und D'HERELLE andere Forscher ähnliche Beobachtungen gemacht[2], aber sie waren an der wichtigen Tatsache vorbeigegangen oder hatten nicht konsequent verfolgt, daß es sich bei den beschriebenen Erscheinungen um die Wirkungen eines von den Bakterien trennbaren, filtrierbaren, übertragbaren und vermehrungsfähigen Agens handelt. Von früheren Beobachtungen, die zum D'HERELLEschen Phänomen sichere Beziehungen zeigten, erwiesen sich die „beständig umschlagenden Sippen" oder „Flatterformen" von E. GILDEMEISTER (258, 259) als Bakterienstämme, die mit dem neuen Agens „infiziert" waren (260). Die ursprünglich gemachte Angabe, daß äußere, also von den Bakterien trennbare Faktoren bei den von ihm beobachteten Erscheinungen auszuschließen seien, mußte aufgegeben werden.

Unabhängig von experimentellen Beobachtungen, aus Erwägungen über das Wechselfieber, die Immunität, das KOCHsche Tuberkulosemittel und die Be-

[1] C. r. Acad. Sci. **167**, 970 (1918).
[2] Literatur hierüber bei OTTO und MUNTER (634).

handlung der Infektionskrankheiten hat WERNER VON SIEMENS (761) in seinen Lebenserinnerungen schon 1891 den Gedanken ausgesprochen,

„daß die krankheitserzeugenden Lebewesen selbst Infektionskrankheiten unterworfen sind, durch welche sie ihrerseits in der Lebenstätigkeit gehindert und schließlich getötet werden. Man müßte dabei annehmen, daß das Leben nicht an die von uns noch durch Mikroskope erkennbaren Dimensionen geknüpft sei, sondern, daß es Lebewesen gäbe, die zu den Mikroben ungefähr in dem selben Größenverhältnis stehen, wie diese zu uns. Es stehen dieser Annahme keine naturwissenschaftlichen Bedenken entgegen, denn die Größe der Moleküle liegt jedenfalls tief unter der Grenze, welche den Aufbau solcher Lebewesen einer niederen Größenordnung noch gestattet".

Der Begründer der modernen Elektrotechnik hat bei dieser Erörterung nicht voraussehen können, daß durch die Weiterführung seines Lebenswerkes die Möglichkeit entwickelt würde, in sublichtmikroskopischen Dimensionen durch Mikroskopie mit Elektronenstrahlen sehend zu forschen.

Durch TWORTS und D'HERELLES Beobachtungen ist das Problem der Infektionskrankheiten der krankheiterzeugenden Lebewesen gegenständlich geworden, und es hat sich ein lebhafter Meinungsstreit zunächst um die Frage entwickelt, ob das wirksame Prinzip belebt sei oder nicht. Dabei haben sich gegen D'HERELLES Annahme von der belebten Natur seines Agens, dem er den Namen „bacteriophagum intestinale" gab (350) [1], auch solche Autoren ausgesprochen, die jedes andere Virus als ein belebtes Agens ansehen. Diese rechnen deshalb die Bakteriophagen nicht zu den Viren im engeren Sinne. Ihre Ausführungen lassen jedoch meist nicht erkennen, was die Sonderstellung des bakteriophagen Virus gegenüber anderen Viren rechtfertigt, d. h. weshalb man bei diesen stärker die unbelebte Natur erörtert hat als bei jenen. Jedenfalls kann dies nicht durch die Dimensionen der wirksamen Teilchen begründet werden, da viele Phagen — nach den gültigen Größenbestimmungen — eher zu den größeren als zu den kleinsten Virusformen zu rechnen sind. Bei GILDEMEISTER und HERZBERG (270) kommt jedoch klar zum Ausdruck, daß ihrer Auffassung nach der Grund für eine Sonderstellung der Phagen darin zu sehen ist, daß das wirksame Prinzip der Bakteriophagie nicht nur von Kultur zu Kultur fortzüchtbar, sondern auch der *spontanen Entstehung* befähigt ist. Die Unsicherheit in bezug auf den Ursprung und das Wesen der Bakteriophagen kennzeichnet nichts besser als die Tatsache, daß die Bemühungen um eine Einigung über diesen Gegenstand gescheitert sind und daß es keiner Seite gelang, durch noch so zahlreiche Analogien zu Lebewesen oder rein stofflichen Wirkungsträgern die Gegenseite zu überzeugen.

Der Streit um die belebte oder unbelebte Natur der Phagen und über ihren Wirkungsmechanismus blieb letzten Endes deshalb unentschieden, weil es keine allgemein anerkannten Kriterien des Lebens gibt, die in den vorliegenden Dimensionen, bei obligat parasitären Organismen oder bei krankmachenden

[1] Zur Nomenklatur sei gesagt, daß statt Bakteriophagen vielfach der Ausdruck „Phagen", „Lysateinheiten", „bakteriophages Lysin" oder „Phagenproteine" gebraucht wird. Gegen das Lysin empfindliche Kulturen heißen „lysosensibel", solche, die das Lysin beherbergen, ohne selbst gelöst zu werden „lysinogen" oder „lysogen", solche die gegen die Auflösung resistent geworden sind, „lysoresistent". Die von GILDEMEISTER beschriebenen lysinogenen Kolonieformen werden „Flatterformen" genannt. Die phagenhaltige aufgelöste Kultur in flüssigem Nährboden bezeichnet man als „Lysat".

D'HERELLE, SERTIC und BOULGAKOV gebrauchen den Ausdruck Lysin abweichend von der oben gegebenen Definition des bakteriophagen Lysins für ein lytisches Ferment, das von den Phagen (oder den Bakterien?) abtrennbar und nicht mit diesen identisch ist.

Wirkstoffen noch methodisch genügend sicher erfaßbar sind. Die klassischen Kriterien der besonderen Struktur, des Stoff- und Formwechsels, des Wachstums, der Vermehrung und der Reizbarkeit ließen sich entweder nicht mehr feststellen oder konnten auch anders als unter der Annahme der Belebtheit gedeutet werden. Die einmal geäußerte Meinung D'HERELLES, daß man sich unmöglich einen so komplizierten Organismus vorstellen könne, der aus einem einzigen oder gar nur aus dem zehnten Teil eines Eiweißmoleküls besteht, und daß es daher besser wäre, man gäbe einfach zu, daß man nicht wisse, in welcher Weise sich das Leben eines ultravisiblen Keimes äußert, und welche Formen seine Materie annimmt (363, zitiert nach der Übersetzung 651), hat nicht dazu geführt, die Versuche zur Lösung des Problems aufzugeben. Es ist im Gegenteil, wie die folgenden Abschnitte zeigen, auf keinem Gebiet der Virusforschung so viel gearbeitet worden wie über die Bakteriophagie.

Als neuer aussichtsreicher Weg für eine weitere Klärung des Bakteriophagenproblems, den wir schon früh aufgezeigt haben (99), erwies sich die elektronenoptische Beobachtung des Vorgangs der bakteriophagen Lyse und der die Lyse auslösenden Agentien (922, 924, 910). Er ermöglichte durch das auf das 100fache gesteigerte optische Auflösungsvermögen des Übermikroskops (100), die Beziehungen der Phagen zur Bakterienzelle zu erkennen; ihre Größe, Form und Struktur zu bestimmen und so dem Verständnis des Wesens der Bakteriophagie um einen entscheidenden Schritt näher zu kommen.

I. Das Vorkommen der Bakteriophagen[1].

D'HERELLE hatte ursprünglich geglaubt, Bakteriophagen gegen SHIGA-Bakterien nur im Stuhl von Ruhrrekonvaleszenten zu finden (349). Später hat er dieselben aber auch aus normalem menschlichem Darminhalt, wo sie auf Kosten des Bact. coli leben sollen (351) (vgl. auch 87, 89, 168, 264), und aus Tierkot (354) gewonnen. Die Forschung zahlloser weiterer Autoren hat dann gezeigt, daß Phagen überall dort zu finden sind, wo die Möglichkeit einer Verunreinigung der untersuchten Proben mit Bakterien, insbesondere mit Kot von Menschen und Säugetieren (192, 208, 348, 354, 416, 503, 617, 661, 678, 691, 789, 823 u. a.) und von Vögeln (4, 384, 503 u. a.) gegeben ist. Aber auch Reptilien (503), Insekten (275, 617, 762) und Weichtiere (476) können Phagen beherbergen.

In der freien Natur wurden Phagen in Brunnen- und Leitungswasser (208, 226), in Flüssen, Seen und anderen Oberflächengewässern (2, 26, 27, 102, 142, 193, 208, 234, 244, 273, 400, 438, 567, 602, 681, 692, 698, 712, 724, 725, 726, 728, 905), in Lagunen und brackigem Wasser (74, 276, 567), in Seewasser nahe von Fluß- und Abwassermündungen (26, 240, 804) und vor allem in Abwässern (65, 103, 141, 163, 186, 226, 254, 289, 335, 427, 602, 609, 682, 697, 750, 804, 832, 894) gefunden, die sich als besonders wertvolle Phagenquelle erweisen. Daß die Phagen in den Gewässern eine Rolle bei der Selbstreinigung der Flüsse spielen, wird

[1] Aus dem umfangreichen Schrifttum sind diejenigen Arbeiten, die sich mit der Phagentherapie bei Pflanzen, Tieren und Menschen befassen, nicht berücksichtigt. Bezüglich der Therapie beim Menschen vgl. K. L. PESCH und F. RAENTSCH (644) und F. D'HERELLE (906). Über Diagnostik siehe 149, 175, 390, 547, 548, 549, 553, 699, 700, 713, 744, 775, 788, 808, 813.

Um unnötige Längen zu vermeiden, sind bei den Literaturangaben häufig im Text nur die Nummern des Schriftenverzeichnisses und nicht die Namen der Verfasser angegeben.

teils als bewiesen angesehen (65, 240, 400, 593, 602, 609, 645, 726, 728, 804), teils auch abgelehnt (230, 276, 895). Formuliert man die Frage allgemeiner dahin, ob die Phagen bei der Aufrechterhaltung des biologischen Gleichgewichts innerhalb der Lebensgemeinschaft der Gewässer regulierend eingreifen können, so wird man sie sicherlich bejahen müssen. Oft findet sich ein gewisser Parallelismus zwischen den Phagen- und den Bakterienfunden (770, 825, 899), aber die Phagenfunde lassen keine Schlüsse auf die Epidemiologie zu (610, 681, 724), weil häufig Phagen gefunden werden, die gegen Erreger von Seuchen aktiv sind, welche in der betreffenden Gegend nicht auftreten. Auch außerhalb der Abwässer werden häufig Phagen gefunden, die ihre größte Aktivität gegen Keime entfalten, die sich in ihrer Umgebung nicht nachweisen lassen (4 u. a.).

In der Erde sind Phagen in der Regel vorhanden (79, 80, 202, 208, 257, 674, 783, 827, 853 u. a., dagegen 829), ebenso in Schmutz, Lumpen (897) usw. Andererseits fehlen die Bakteriophagen in Ausgangsmaterialien, bei denen keine Gelegenheit zur Verunreinigung mit Bakterien gegeben war. So treten sie im Stuhl Neugeborener erst nach dem 4. Lebenstag auf (654,7 98, 799) und fehlen in Feten (696), in Hühnerembryonen, die von gesunden Hühnern stammten (383, 426), in steril aufgezogenen Hühnchen (383, 589) und in sterilen Fliegeneiern, sowie deren Larven und Fliegen (278). Ebenso fehlen sie in der Regel in steril entnommenen Organen, wie Pankreas (194, 394), Thymus (439), Milz, Leber (392), Galle (417) und im Peritoneum (647), während sie aus unsterilen Organen, z. B. aus Tonsillen (646), aus dem Duodenum (425), aus Eiter (673) und mitunter auch aus Blut (806) zu gewinnen sind.

Allerdings finden sich auch Angaben, wonach es gelingt, Phagen aus Material zu erhalten, das nie einer Berührung mit bakteriellen Keimen ausgesetzt war (620). Jedoch ist gegen diese Versuche immer der Einwand möglich, daß die Phagen nicht im Untersuchungsmaterial vorhanden waren, sondern nur durch dasselbe in dem zur Prüfung herangezogenen Bakterienstamm aktiviert oder neu gebildet wurden. Damit verschiebt sich aber die Frage nach dem Vorkommen der Phagen auf die Frage nach ihrem Ursprung, auf die erst später genauer eingegangen werden soll. Jedenfalls erweist das Vorkommen, daß die Existenz der Phagen an jene der Bakterien gebunden ist.

Nach Otto und Munter (1929) (634) finden sich Phagen gegen folgende Bakterienarten:

Die Gruppe der Dysenteriebakterien, Bact. coli, Bact. typhi und paratyphi, Bact. proteus, Bact. pestis, Vibrio cholerae, Bact. Friedländer, Bact. oceanae und Bact. Rhinoskleromatis, Bac. subtilis, Streptokokken, Enterokokken, Staphylokokken, Diphtherie-, Mäusetyphus- und Milzbrandbacillen, Rotlauf-, Pyocyaneus- und Fluorescensbakterien, Bact. der Büffelseuche, Bact. der Hühnertyphose, Bact. aus toten Seidenraupen und Wurzelknollenbakterien.

Die Befunde sind inzwischen größtenteils bestätigt, teils aber wieder in Zweifel gezogen worden, letzteres gilt für Phagen gegen Diphtherie Bact. (432, 772, 779, 821, dagegen 186). Auch die Suche nach Phagen gegen Pneumokokken (51, 104, dagegen Strept. mucocus 176), Influenzabacillen (104), Gonokokken (714), Brucellen (332, dagegen 785), Pseudo-Tuberkelbacillen (678, 831, 853) und Spirochäten (455) blieb vergeblich oder unsicher. Andererseits wurden weitere Phagen gegen thermo- und psychrophile Bakterien (3, 213, 214, 454), Chromobact. prodigiosum (102) und violaceum (750), Milchsäurebakterien (915), Bact.

rhamnosifermentans (777), Bac. saccharolyticus (286, 502), Bac. megatherium (185, 201, 737), Bac. mesentericus (286), Clostr. sporogenes (244), Tetanusbac. (188), Bac. mycoides (203, 783), Keuchhustenbac. (701), Leuchtvibrionen (778), Aktinomyceten (581, 853), Meningokokken (650, 737), Streptococcus equi (742, 823), Bac. tabacum (608) und Hefe (853) beschrieben.

Es sind indessen nicht nur Phagen gegen verschiedene Bakterienarten bekannt geworden, sondern es hat sich auch gezeigt, daß ein und derselbe Bakterienstamm von sehr verschiedenen Phagenstämmen angegriffen werden kann, die sich, um nur ein Beispiel anzuführen, durch Größe, Thermoresistenz, Virulenz, Polyvalenz, serologische Eigenschaften und das Aussehen der durch sie hervorgerufenen *plages* unterscheiden (753). Für die Zukunft wird sich die Aufgabe ergeben, die Phagen außerdem morphologisch zu kennzeichnen und damit zu einer weiteren Festlegung der Eigenart verschiedener Gruppen zu gelangen.

Die Phagenfunde sind so vielseitig, daß mit einem gewissen Recht angenommen wurde, es seien Phagen in den Zellen jeder Bakterienart anwesend (202). Bewiesen ist diese Auffassung aber keineswegs. Es hat sich jedenfalls nicht nachweisen lassen, daß die Phagen ein integrierender Bestandteil jeder Bakterienzelle sind, vielmehr sind sie nach unseren morphologischen Befunden völlig autonome Gebilde (924).

II. Die Größen der Bakteriophagen.

Die corpusculäre Natur, d. h. die gegenüber niedermolekular gelösten Stoffen oder Ionen beträchtliche Größe der Phagen hatte D'HERELLE daraus gefolgert, daß Phagen auf der Agarplatte keine allgemeine diffuse Schädigung der Kulturen hervorrufen, sondern einzelne wohl umschriebene Herde. So wenig berechtigt dieser Schluß an sich war, weil das beobachtete Verhalten der Phagen einen Gegensatz zum Verhalten molekularer Stoffe kennzeichnen sollte, so hat sich doch in der Folgezeit die Auffassung von der corpusculären Natur der wirksamen Elemente bestätigt. Versuche zur genaueren Bestimmung der Phagenabmessungen erfolgten durch die Filtration (58, 66, 215, 242, 288, 331, 409, 467, 488, 520, 639, 663, 715, 791, 802, 862, 885, 904), durch die Bestimmung der Sedimentation im Schwerefeld hochtouriger Zentrifugen (70, 274, 304, 310, 706, 802, 883, 912), durch die Messung der Diffusion (111, 215, 378, 532, 606) und durch die Bestimmung der Strahlenempfindlichkeit (472, 864, 901). Außerdem wurde die Partikelnatur auch aus der Lichtstreuung (707, 708) und aus der statistischen Verteilung der Teilchen in einer bestimmten Volumeneinheit der Suspension (222) gefolgert. Der Durchtritt der Phagen durch tierische Membranen, wie Placenta und Arachnoidea (76, 143, 144, 145, 292, 530, 599)[1] gab weniger Aufschlüsse über die relative Phagengröße (145) als vielmehr über das biologische Verhalten der geprüften Membranen. Die Größenbestimmungen sollten darüber Auskunft geben können, ob die kleinsten Dimensionen nicht mehr mit der Annahme belebter Elemente vereinbar wären (242, 338, 409, 791). Auch sollten sie über die Frage der Einheitlichkeit oder Pluralität der Phagen gegen verschiedene Bakteriengruppen (215, 288, 488) sowie über die Gleichheit (215, 706, 709) oder Ungleichheit (111, 862) der Teilchen innerhalb eines einheitlichen

[1] *Anmerkung bei der Korrektur.* Vgl. auch R. BERNOULLI: Die Durchlässigkeit der Blut-Kammerwasser-Schranke des Auges für Bakteriophagen. Arch. ges. Virusforsch. **3**, 49 (1943).

Lysats Aufschlüsse ermöglichen. Bei der Frage nach der Gleichheit der Teilchen wurde außerdem erörtert, ob das wirksame Prinzip an besondere Träger gebunden ist oder frei im Lysat vorliegt (66, 111, 115, 378, 379, 456, 467, 474).

Durch die Tatsache der Filtrierbarkeit war zunächst eine Größengrenze nach oben gegeben. Die Phagen waren kleiner als die Bakterien selbst, also sicher kleiner als 500 mμ. STASSANO und DE BEAUFORT (791) glaubten, aus ihren Versuchen sogar schließen zu dürfen, daß ihr SHIGA-Phage kleiner sei als verschiedene Fermente und kleiner als das Molekül des salpetersauren Strychnins (Molekulargewicht 397). Ihre Angabe blieb jedoch nicht unwidersprochen (z. B. 66). Auch WOLLMANN und SUAREZ (862), BRONFENBRENNER (111), FRÄNKEL und SCHULZ (242), KRUEGER und TAMADA (467), BECHHOLD, LEITNER und ORNSTEIN (58) und andere Autoren kamen mittels Filtrationsversuchen zu sehr kleinen Werten. Indessen hat BECHHOLD (57) später selbst diese Befunde dahingehend berichtigt, daß Angaben, wonach die Phagen von der Größe von Eiweißmolekülen und darunter seien, aus der damaligen Unkenntnis von Struktur und Siebwirkung der Ultrafilter resultierten. LEVADITI und Mitarbeiter (488) kamen bei Filtrationsversuchen für verschiedene Phagen auf Größen zwischen 20 und 120 mμ, TANG, ELFORD und GALLOWAY (802) für einen Megatherium-Bakteriophagen auf 30 bis 45 mμ, ELFORD und ANDREWS (215) für die kleinsten Phagen auf 8—12 mμ, für die größten auf 50—75 mμ. In etwa dieser Größenordnung, jedoch etwas höher, bewegen sich die Zahlen, welche durch Sedimentation im Schwerefeld hochtouriger Zentrifugen gefunden wurden. So fand SCHLESINGER (706) für den kleinsten Phagen ELFORDS 20 mμ Durchmesser, für einen großen Coliphagen 90 mμ. Besonders hoch ist eine Angabe von 160 mμ (520). MORYAMA und OHASHI (575) schätzen die Größe unter Berücksichtigung eines hohen Wassergehalts darüber hinaus sogar auf 200 mμ.

Für vergleichsweise große Phagendurchmesser sprechen SCHLESINGERS Beobachtungen über die TYNDALL-Trübung (708) und die Beobachtbarkeit von Phagenpartikeln im ultramikroskopischen Dunkelfeld (709, 568). Trotzdem werden von KALMANSON und BRONFENBRENNER (415), wie schon früher von HETLER und BRONFENBRENNER (378) und von BLOCH (77) noch in jüngerer Zeit sehr kleine Phagendurchmesser angegeben. BLOCH fand eine starke Steigerung der Phagenwirkung beim Durchschäumen phagenhaltiger Bouillon und schloß darauf auf eine Aufteilbarkeit größerer Phagenelemente in sehr kleine. Seine Versuche konnten indessen von H. RUSKA[1] und G. A. KAUSCHE[1] nicht bestätigt werden. Es haben daher wohl von den indirekt ermittelten Durchmesserangaben jene die größte Sicherheit, die zwischen 20 und 120 mμ liegen. Dabei wird meist stillschweigend von der Voraussetzung ausgegangen, daß es sich um mehr oder weniger kugelige Elemente handelt. Strömungsdoppelbrechung, die für eine gestreckte Gestalt spricht, ließ sich jedenfalls makroskopisch nicht nachweisen (709). Die Größen der gegen verschiedene Bakterienarten wirksamen Phagen erwiesen sich zum Teil als wesentlich verschieden, ebenso wie die Größen verschiedener Phagenstämme gegen ein und dieselbe Bakterienart (z. B. 753). Innerhalb eines bestimmten Phagenstammes scheint dagegen nach den am besten begründeten Arbeiten die Teilchengröße gleich zu sein (215, 706, 709, dagegen 148 und Diskussion in 790). Ein besonderer Träger, an den das wirksame Prinzip gebunden ist, wird meist nicht mehr angenommen.

[1] Unveröffentlichte Nachprüfungen.

Die umstrittenen Fragen haben durch die Abbildung der Phagen im Übermikroskop eine weitgehende Klärung erfahren. Gleichzeitig hat sich aber auch gezeigt, daß die Verhältnisse komplizierter liegen als man erwarten konnte, weil die Frage nach der Größe der Phagen verbunden ist mit der Frage nach ihrer Form und nach den Zusammenhängen verschiedener Formen untereinander. Abb. 1 gibt in 100000facher Vergrößerung eine Zusammenstellung der bisher gefundenen, von H. RUSKA (924) als *d'Herellen* bezeichneten Elemente, die auf Grund ihres ausschließlichen Auftretens in phagenhaltigen Kulturen, ihrer Lagebeziehungen zu den Bakterien und ihrer größenmäßigen Übereinstimmung mit den indirekt ermittelten Werten als die Phagen selbst angesehen werden müssen. Die kleinsten bisher abgebildeten Formen sind die etwa 40 mμ großen kugeligen *d'Herellen,* die bei der Beobachtung auf dem Leuchtschirm sehr kontrastarm erscheinen. Sie wurden bisher in Coli-, Typhus- und Ruhrkulturen gefunden, die mit homologen Phagen versetzt waren. Größere und infolgedessen

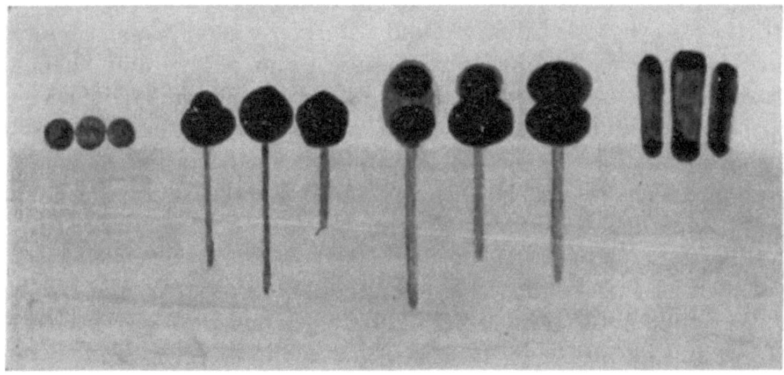

Abb. 1. Schematische Übersicht über verschiedene, bisher beobachtete *d'Herellen*-Formen und -Größen mit typischer Lagerung an der Bakterienmembran. Maßstab: 100000:1.

auch dichter erscheinende um 70 mμ messende *d'Herellen* fanden sich in Lysaten verschiedener Kokkenstämme. Die Struktur dieser Formen ist mitunter nicht völlig homogen und häufig zeigen sie einen sehr zarten, etwa 15 mμ dicken und bis 200 mμ langen Fortsatz (keulenförmige *d'Herellen*). Es wäre möglich, daß ein entsprechender Fortsatz auch bei der zuerst beschriebenen Form vorhanden ist, sich aber wegen der zu geringen Dicke bis jetzt dem Nachweis entzieht. Ähnliche, wiederum etwas größere *d'Herellen* mit gestrecktem, oft deutlich zweigeteiltem (diplokokkenförmigem) Kopf- bzw. Hauptteil treten in Proteus-, Coli-, Typhus- und Ruhrlysaten sowie in solchen von Streptokokken auf. Es scheint die häufigste Form großer Bakteriophagen zu sein. Die Abmessungen betragen für den Hauptteil etwa 60×90 mμ bis 80×110 mμ und für den Fortsatz 15×50 bis weit über 100 mμ. Schließlich wurden noch stäbchenförmige *d'Herellen* von etwa 150×35 mμ Größe mit meist zwei polar gelegenen, dichteren Endpunkten gefunden. U. KOTTMANN (910) hat sie in besonders schöner Weise präpariert. In Einzelheiten des Aussehens weisen die beschriebenen Formentypen Abweichungen auf. Die Verschiedenheiten dürften zum Teil darauf zurückzuführen sein, daß die *d'Herellen* um ihre Längsachse nicht völlig rotationssymmetrisch sind und daher von verschiedenen Seiten betrachtet ungleich aussehen. Es bestehen aber auch davon unabhängig Unterschiede

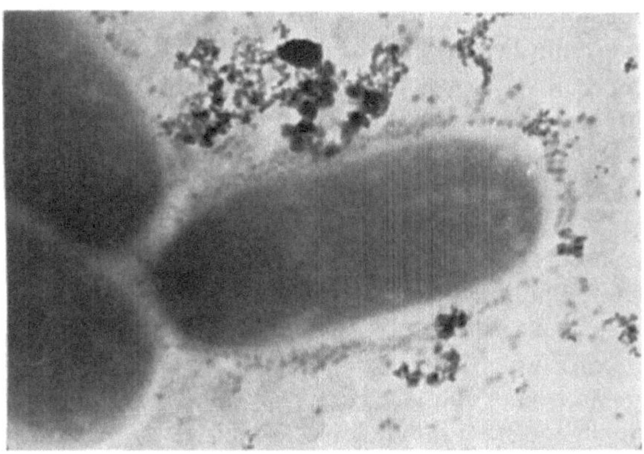

Abb. 2. 8585/41. Ruhrbakterien mit kugelförmigen *d'Herellen* nach H. RUSKA. Abb.: 20000:1.

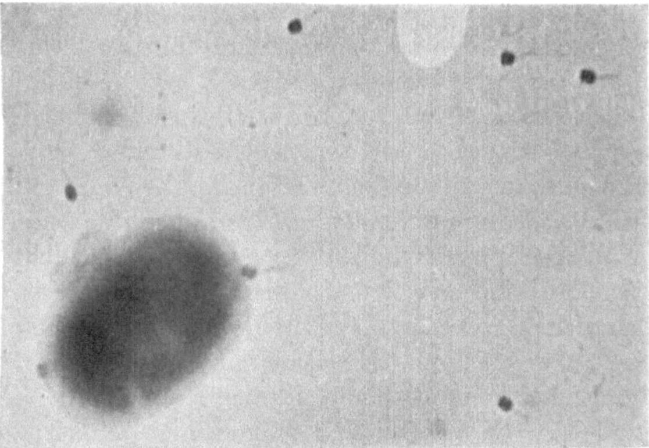

Abb. 3. 5187/41. Ruhrbacterium mit keulenförmigen *d'Herellen* nach H. RUSKA. Abb.: 20000:1.

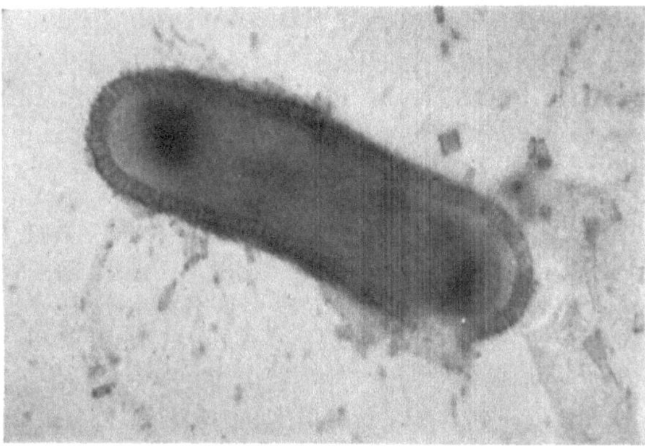

Abb. 4. 6982/41. Colibacterium mit stäbchenförmigen *d'Herellen* nach U. KOTTMANN. Abb.: 20000:1.

in der Dichte und in der Schärfe der Kontur. Übermikroskopische Bilder bei 20000facher Vergrößerung zeigen die Abb. 2—4.

Die verschiedenen Größen und Formen der *d'Herellen* haben H. RUSKA und U. KOTTMANN zum Teil bei demselben Phagenstamm gefunden, so Kugel-, kleine und große Keulen- sowie Stäbchenformen bei einem Coliphagenstamm; Kugel-, kleine und große Keulenformen bei Ruhr- und Enterokokkenphagen und schließlich Kugel- und kleine Keulenformen bei Streptokokkenphagen. Nur kleine Keulenformen zeigte ein Staphylokokkenphagenstamm, nur große ein Stamm von Streptokokken-, von Subtilis- und Proteusphagen. Es ergab sich aus dem gleichzeitigen Auftreten verschiedener Formen die Frage, ob diese Glieder einer Entwicklungsreihe sind, oder ob sie deshalb in unseren Lysaten auftraten, weil wir nicht mit sog. reinen Phagenstämmen (Teilbakteriophagen BAILS) gearbeitet haben.

Untersuchungen an den Typhusphagen 117, 128 und 174 von SERTIC und BOULGAKOV, die solche reinen Linien darstellen (753) und dem Verfasser von N. BOULGAKOV in dankenswerter Weise zur Verfügung gestellt wurden, zeigten in der Tat bei Stamm 117 und 128 nur jeweils eine einzige Form, und zwar bei 117 Keulen und bei 128 Kugeln, deren Größen mit den indirekt gemessenen Werten von 70 bis 110 bzw. 20—30 mμ befriedigend übereinstimmten. Den kleinsten Phagen von 8—12 mμ abzubilden, ist bisher aus präparativen Gründen noch nicht gelungen. Dieser Umstand beweist aber im Verein mit der Abbildung des mittelgroßen und großen Phagen, daß wir es bei den beobachteten *d'Herellen* mit den als Phagen indirekt vermessenen Partikeln zu tun haben. Extrem verschiedene Phagenformen, wie Stäbchen und Keulen, gehören nach der Untersuchung seiner Linien, entgegen unserer ursprünglichen Vermutung (924) nicht zu einer Entwicklungsreihe, sondern sind ein Zeichen uneinheitlicher Mischphagen.

In Zukunft werden Größenangaben der Phagen nach Möglichkeit durch eine Abbildung belegt werden müssen. Diese gibt zugleich über die Form, die Struktur und die Einheitlichkeit einen sicheren Aufschluß[1]. Durch die sehr speziellen Formen der *d'Herellen* läßt sich endgültig ausschließen, daß das wirksame Element der Bakteriophagie an indifferente Träger gebunden ist.

III. Die Chemie der Bakteriophagen.

Bei der Besprechung des Vorkommens und der Größe der Phagen ergaben sich schon gewisse Unstimmigkeiten in den Befunden und Auffassungen verschiedener Autoren. In viel höherem Maße ist dies in allen folgenden Abschnitten der Fall. Die Befunde sind oft widerspruchsvoll, ohne daß zu erkennen wäre, wodurch die voneinander abweichenden Angaben zustande kommen. Ein wesentlicher Grund hierfür liegt zweifellos in der großen Verschiedenheit der Phagen, von denen wir die verschiedene Größe, Form und Struktur schon kennengelernt haben, ein anderer in der verschiedenen Reaktionsweise der Bakterien, die bei vielen Fragen mitspricht. Doch haben die möglichen Unterschiede natürlich auch ihre Grenzen. Es ist daher die Absicht, in dieser Dar-

[1] *Anmerkung bei der Korrektur.* Größenangaben, die die Form der Phagen nicht berücksichtigen, haben nur begrenzten Wert. Ein Phage kann mit Fortsatz weit über 200 mμ lang sein und trotzdem Membranen mit einer Porenweite von etwa 120 mμ passieren. Im allgemeinen dürften die auch noch in jüngster Zeit angegebenen Phagengrößen etwas zu klein sein. Siehe M. ROUYER, A. GUELIN u. P. GRABER: Dimensions trouvées par ultrafiltration de quelques bactériophages récemment isolés. Ann. Inst. Pasteur 68, 482 (1942) und (912).

stellung das Hauptaugenmerk darauf zu lenken, was an sicherem Wissen zusammengetragen wurde und sich innerhalb derjenigen Grenzen zu halten, die nach unserem Gesamtwissen über die Phagen als möglich und wahrscheinlich gelten können.

Ein Teil der für die Größenbestimmung der Phagen angewandten Methoden eignet sich auch dazu, die Phagen zu konzentrieren und damit zu Reinpräparaten zu kommen, die der chemischen Untersuchung zugänglich sind. Die Verfahren sollen hier nicht dargestellt werden. A. GRATIA (317) hat sie jüngst referiert. Im Großen rein dargestellte Phagen sind übermikroskopisch noch nicht untersucht worden. Eine solche Untersuchung wäre die schärfste Prüfung auf Reinheit und Einheitlichkeit der Präparate. Außer chemisch-analytischen Angaben interessierten physikalisch-chemische Daten, wie die elektrische Ladung der Phagenteilchen und die damit zusammenhängende Adsorbierbarkeit, ihre Empfindlichkeit gegen Veränderungen der Wasserstoffionenkonzentration und andere Ionenverschiebungen und ihre Beeinflußbarkeit durch eine Reihe chemischer Substanzen und physikalischer Einwirkungen.

Von großer Bedeutung ist die Frage, inwieweit sich die Phagen aus Eiweißsubstanzen zusammensetzen. SCHLESINGER (711) fand, daß der von ihm untersuchte Coliphage vorwiegend aus Eiweiß und nach dem hohen Phosphorgehalt wohl aus Nucleoproteiden aufgebaut ist. Polysaccharide schienen nicht vorhanden zu sein, wohl aber Fette und Lipoide. Neuere genaue Analysen stammen von NORTHROP (605, 606), der die Phagen als ein hochmolekulares Nucleoprotein anspricht. MORYAMA und OHASHI (576 u. a.) sprechen von einem Lipoproteinkomplex. Auf einen Aufbau aus eiweißartiger Substanz hatte schon WOLLMANN auf Grund der Trypsinempfindlichkeit der Phagen geschlossen (859), während ihm ein Nachweis der Beteiligung von Lipoiden am Phagenaufbau nicht gelang (870). SCALFI (702) fand die Proteinreaktionen gereinigter Phagen negativ. Es erscheint aber fraglich, ob er mit hinreichend hohen Konzentrationen gearbeitet hat. Das gleiche gilt von den Untersuchungen KLIGLERS (443, 448), der negative Eiweißreaktionen fand, aber noch geringe Mengen Stickstoff nachweisen konnte. Nach ARNOLD und WEISS (28, 29) sind im Gegensatz zu den Angaben von WOLLMANN die Phagen gegen die Verdauung mit Trypsin widerstandsfähig. Sie benutzten, wie später ASHESHOV (35), die Trypsinverdauung zur Beseitigung des Bakterieneiweißes aus Phagenpräparaten. Tatsächlich scheint es trypsinempfindliche und -unempfindliche Phagenstämme zu geben (718, 720), so daß aus der Trypsinempfindlichkeit der Phagen auf ihre Eiweißnatur gezogene Schlüsse unsicher sind. Man kann nur so viel daraus folgern, daß bei einzelnen Phagenstämmen die für die Aktivität wesentlichen chemischen Gruppen durch Trypsin angreifbar sind, bei anderen nicht. Es wäre wichtig, diese Stämme morphologisch zu kennen, vielleicht sind es die Fortsätze der keulenförmigen Phagen, die durch das Trypsin zerstört werden.

JERMOLJEWA und Mitarbeiter (408, 409) glauben, daß die Aktivität an einen kohlehydratähnlichen Stoff gebunden ist. Sie fanden ihre Präparate frei von Eiweiß und organischem Phosphor. Ebenso fanden YOSHIZUMI, NAGASE und HOSOYA (397, 889) kein Eiweiß in ihren Reinpräparaten. Trotz dieser negativen Befunde einzelner Autoren hat sich aber wegen des physikalisch-chemischen Verhaltens der Phagen, welches dem von hochmolekularen Proteinen entspricht, und unter dem Einfluß von STANLEYS Entdeckung der „krystallisierbaren“

pflanzlichen Virusproteine für die Bakteriophagen vielfach der Ausdruck „Phagenprotein" eingebürgert. GRATIA (313) hat die Hoffnung ausgesprochen, es ebenfalls krystallisiert zu erhalten.

Die Anschauung, daß es sich um einen flüchtigen Stoff handelt (625, 626), wird nicht mehr diskutiert (72, 119, 166, 255, 266, 559, 782), bestünde sie zu Recht, so wären die Phagen im Hochvakuum des Übermikroskops nicht abbildbar.

Auf die chemische Zusammensetzung der Phagen kann aus den elektronenmikroskopischen Aufnahmen nicht unmittelbar geschlossen werden. Die Aufnahmen zeigen aber, daß der Aufbau der *d'Herellen* so differenziert ist, daß sie nicht als hochmolekulare Eiweißkörper aufgefaßt werden können. Die hochmolekularen Verbindungen setzen sich aus relativ einfachen Grundbausteinen zu einfachen Formen zusammen. Bei den *d'Herellen* haben wir dagegen höchst differenzierte Formen, außerdem eine verschiedene Dichte der Einzelteile, die nicht nur auf Dickenunterschiede, sondern auch auf Unterschiede der chemischen Zusammensetzung der verschiedenen Teile der Phagen zurückzuführen sein dürfte. Beobachtungen an osmiumfixierten Phagen sprechen dafür, daß bei den Keulenformen sich Lipoidbestandteile im Hauptteil befinden, während der Fortsatz wahrscheinlich nur aus Proteinen besteht.

Die elektrische Ladung der Phagenteilchen ist von der Wasserstoffionenkonzentration abhängig. Sie ist im stark sauren Bereich positiv, im schwachsauren, neutralen und schwach alkalischen negativ (444, 456, 463, 474, 550, 583, 584, 598, 812). Möglicherweise wurde auch dort im sauren Bereich gearbeitet, wo abweichend von der Regel eine positive Ladung nachweisbar war (451, vgl. auch 242, 656). Die verschiedenen Phagen verhalten sich nicht ganz gleich (598). Manche Phagenformen lassen es uns als höchst wahrscheinlich erscheinen, daß die elektrische Ladung polar verschieden ist. Entsprechend der negativen Ladung sind Phagenteilchen an positiv geladene Adsorbentien adsorbierbar. [Positiv geladenes Globulin (528), Kaolin (164, 443, 445, 447, 448, 584, 886), Aluminiumhydroxyd (241, 424, 584, 840), Silargel (59), Asbest bzw. SEITZ-Filter (898), dagegen Kieselgur (269, 242).] Im Gemisch mit pflanzlichem Virusprotein haften sie an diesem (319). In Krystalle können sie eingeschlossen werden (919). Die Phagen sind, wie Eiweißkörper, durch Aussalzen oder Ansäuern fällbar [Ammoniumsulfat- bzw. Natriumsulfat (28, 239, 532), Zinkchlorid (396, 397), Essigsäure (575)]; auch einige basische Farbstoffe fällen die Phagen (842).

Der isoelektrische Punkt liegt im stark sauren Bereich (171). Die Säureschädigung ist irreversibel (758, 866), besonders bei höherer Temperatur (703) und in salzfreiem Wasser (573). Verschiedene Phagenstämme zeigen ein ungleiches Verhalten gegen Verschiebungen der H-Ionenkonzentration (123, 312, 627). Die Grenzen, welche noch vertragen werden, liegen ziemlich weit (z. B. p_H 4—11, 583). Völliges Fehlen von Elektrolyten soll zur Ausflockung führen (179).

Reine Phagen zeigen weder eine meßbare Sauerstoffaufnahme noch Glykolyse (38, 107, 109, 110, 564, 717, 855). Auch die Reduktion von Methylenblau vermögen reine Phagen nicht zu bewirken. Wie oxydierende und reduzierende Fermente lassen sich Trypsin, Papain, Arginase, Urease, Lipase, Amylase und Katalase aus konzentrierten und gereinigten Phagen nicht nachweisen (225, 717). Dem Fehlen oxydierender Fermente entspricht die Unempfindlichkeit der Phagen gegen Blausäure (83, 460). Über die Abtrennung lytischer Fermente, die in ihrer chemischen Substratspezifität nicht näher definiert sind, haben SERTIC und

BOULGAKOV berichtet (747). Da chemisch völlig verschiedene Zellbestandteile (Membran, Cytoplasma, Kernäquivalente 924) aufgelöst werden, wäre mit verschiedenartigen Fermenten zu rechnen.

In großem Umfang ist die Widerstandsfähigkeit der Phagen gegen chemische und physikalische Einflüsse untersucht worden, von welchen bekannt ist, daß sie auf Bakterien schädigend einwirken. Häufig wurden nicht die reinen Phagen, sondern der Einfluß auf die Lyse geprüft. Je reiner die Phagen sind, um so größer ist im allgemeinen ihre Empfindlichkeit (55, 445). Phagen werden von Desinfektionsmitteln meist weniger geschädigt als Bakterien. Gegen Sublimat sind sie ziemlich widerstandsfähig (445, 576, 624, 668, 671, 847), auch gegen Phenylmerkurichlorid (287); ihre Widerstandsfähigkeit liegt zwischen derjenigen von Bakterien und von Sporen. Nicht alle Phagen verhalten sich gleich (330, 837). Die Schädigung ist reversibel, wie das auch von der Sublimatschädigung der Bakterien bekannt ist. Ähnliches gilt in gewissen Grenzen vom Formalin (428, 574, 719, 838). Gegen Alkohol ist die Widerstandsfähigkeit sehr groß, vorausgesetzt, daß mit reinen Phagen gearbeitet wird (121, 126, 131, 178, dagegen 120, 564). Eine Inaktivierung durch Alkohol kann durch Fällung vorgetäuscht werden (125). Äther schädigt nach länger dauernder Einwirkung (540, 805), scheint sich aber trotzdem zur Reinigung der Phagen zu eignen (225, 408, 540, dagegen 833). Konzentrationen, die SHIGA-Bakterien nicht abtöten, hemmen auch die Lyse nicht (793). Verschiedene Phagenstämme sind gegen Äther verschieden empfindlich (805). Das gleiche gilt gegenüber Chloroform (805), das in größeren Mengen mit Phagen geschüttelt diese inaktiviert (37), Bakterien aber stärker schädigt als Phagen (164). Glycerin wirkt auf Phagen konservierend (672, dagegen 37).

Askorbinsäure kann Phagen abtöten (514), andererseits vermag sie durch Jod, Sauerstoff und H_2O_2 geschädigte Phagen wieder zu reaktivieren (513). Die Phagen sind gegen Sauerstoff und Ozon empfindlicher als die dazu gehörigen Bakterien (430, 512). Methylenblau inaktiviert Staphylokokkenphagen, manche andere nicht (174, 721, 159). Auch andere Farbstoffe sind wirksam (159, 459, 850, 851, dagegen 607). Ihre unterschiedliche Einwirkung auf die Lyse mit verschiedenen Bakterienstämmen wird mit der Gramfestigkeit der aufgelösten Stämme in Zusammenhang gebracht (850, 851). Sulfonamide schädigen die Phagen sehr wenig (891), vermögen aber das Wachstum phagenfester Bakterien zu hemmen (916).

Die olygodynamische Wirkung von Silber und Kupfer läßt sich auch gegenüber Phagen nachweisen (404, 868, dagegen 898). Wiederum bestehen Verschiedenheiten in der Empfindlichkeit verschiedener Phagenstämme (868). Manche Autoren rechnen damit, daß auch Phagen des gleichen Stammes individuell verschiedene Empfindlichkeit gegen verschiedene physikalische und chemische Schädigungen besitzen (324, 596).

Von physikalischen Einwirkungen wurde Druck von tausenden von Atmosphären, Eintrocknung, Temperaturerhöhung, Ultraschall, Ultraviolettstrahlen, Röntgenstrahlen, Radiumemanation und Kathodenstrahlen untersucht.

Die Phagen werden bei Druckerhöhung auf etwa 6000 Atmosphären wie sporenfreie Bakterien und andere Viren inaktiviert, während Diastase, Mikrobentoxine und Sporen 10—20000 Atmosphären vertragen (52, 53).

Die Phagen bleiben bei Zimmertemperatur viele Jahre aktiv (551); auch eingetrocknet lassen sie sich erhalten (408, 542, 685), meist verlieren sie jedoch an Aktivität (450). Die Hitzeresistenz der Phagen ist verschieden. Manche vertragen in feuchtem Milieu Temperaturen von 180° (814), meist schwindet die Aktivität rasch über 60° (164, 177, 286, 470, 585, 600, 732, 737, dagegen 338). Getrocknet können sie 10—30 Minuten 100° vertragen (828). Man kann sie an höhere Temperaturen gewöhnen (376, 405, 652, vgl. dagegen 56). In Wasser (199, 585), in NaCl-Lösung und Phosphatpuffer ist die Empfindlichkeit größer als in Bouillon (596). Auch von der H-Ionenkonzentration (199, 462, 465) und anderen Einflüssen (112, 199, 558) ist sie abhängig und vom Reinheitsgrad der Phagen (177, 445). Die Hitzeinaktivierung ist teilweise reversibel (462, 465, 515). Mitunter verlieren die Phagen bei der Erhitzung ihre Pathogenität für einige Bakterienarten, für andere nicht (113, 234, 235). Phagen, die durch Hitze ihr Lösungsvermögen verloren haben, können noch die Fähigkeit der Bindung an Bakterien besitzen (515 u. a.). Umgekehrt binden auch durch Hitze abgetötete Bakterien noch die Phagen (498 u. a.; siehe unter IV).

Ultraschall soll die Phagen nicht schädigen (638), doch kommt es hierbei sicher sehr auf die Frequenz und die Dauer der Einwirkung an.

Gegen Ultraviolettbestrahlung sind die Phagen sehr empfindlich (17, 227, 487, 489, 490) etwa im gleichen Ausmaß wie Bakterien und Viren (50, 72, 165, 252, 257, 342, 490, 529, 921) und sehr viel stärker als Fermente (50). Verschiedene Phagenstämme verhalten sich ungleich (165). Je größer die Phagen sind, um so größer ist ihre Strahlenempfindlichkeit (473, 863, 920). Die Röntgenbestrahlung kann die Aktivität eines Phagen gegen verschiedene Bakterienstämme ungleich vermindern (64); vielleicht handelt es sich dabei um die Entstehung strahleninduzierter Mutationen. Auch weiche Röntgenstrahlen sind von Einfluß (882). Die Phagenbildung soll mit denjenigen Zellteilen in Zusammenhang stehen, die gegen Röntgenstrahlen besonders empfindlich sind (913).

Bei der Radiumemanation sind die Corpuscularstrahlen wirksam (471). Werden die Corpuscularstrahlen abgehalten, so ist die stark durchdringende Wellenstrahlung wenig wirksam (212). Gegen Elektronenstrahlen sind Phagen sehr viel widerstandsfähiger als Bakterien und Sporen (449).

Von den Phagen selbst sollen mitogenetische Strahlenwirkungen ausgehen (511).

Untersuchungen über die Wirkungen chemischer oder physikalischer Schädigungen auf die Morphologie der Phagen sind bisher, abgesehen von Fixierungsmaßnahmen, nicht durchgeführt. Es ist aber sehr wahrscheinlich, daß manche Schädigungen nicht ohne Einfluß auf die Feinstruktur sind.

IV. Die Vorgänge bei der Bakterienauflösung.

Die auffallendste und zuerst erkannte Wirkung der Bakteriophagen ist die Auflösung der Bakterien in flüssigen oder auf festen Nährböden (Lyse, Bildung von plages oder taches vierges). Mit dem Vorgang der Auflösung geht eine intensive Vermehrung der Phagen einher, aber die Auflösung der Bakterienkulturen ist nicht unbedingte Voraussetzung für die Erhaltung und Vermehrung der Phagen.

Über den feineren Mechanismus der Bakterienauflösung und der Phagenvermehrung sind eine Reihe von Untersuchungen angestellt worden. Verfolgt man die Auflösung im *Lichtmikroskop*, so zeigt sich, daß die Bakterien teils mit, teils ohne vorausgehende Vergrößerung (Quellung 114, 128, 380) in Bruchteilen von Sekunden oder einigen Minuten zerfallen (54). Es ist zwar auch erörtert worden, daß sie nur völlig transparent werden und deshalb ihre Sichtbarkeit verlieren (679); für die Mehrzahl der Keime trifft dies aber sicherlich nicht zu. D'HERELLE hatte intrabacilläre Körnchen beobachtet (355, vgl. auch 570). An Colibakterien wurde das Austreten feinster Teilchen aus der Zelle gesehen (561). Sogar Eigenbewegungen der vermutlich begeißelten Phagen wurde beschrieben (452). Andere Autoren fanden eine Zersplitterung der Zelle, nachdem die Membran durch die Phagen geschädigt war (183). Im Klatschpräparat wurde Anschwellen (114) und kugeliger Zerfall gesehen (732)[1]. In Bouillon werden die Bakterien nur in der Vermehrungsphase aufgelöst (49 u. a.); auf festen Nährböden besonders die großen Wuchsformen (407). Im ganzen brachte die lichtmikroskopische Beobachtung keine entscheidenden Ergebnisse, weil sich die Vorgänge teils zu nahe an der Auflösungsgrenze der Lichtmikroskope, teils weit unterhalb derselben abspielen.

Die wesentlichen Kenntnisse über die Bakterienauflösung verdanken wir daher auch nicht der Lichtmikroskopie, sondern anderen Untersuchungsverfahren, aus welchen sich Schlüsse auf die Vorgänge bei der Lyse ziehen lassen. Die so erzielten Ergebnisse sollen im Überblick dargestellt werden, und zwar die Bindung der Phagen an die Zelle, der Ablauf der Bakterienzerstörung und die dabei beobachteten Stoffwechselvorgänge und schließlich die Phagenvermehrung. Anschließend sind eine Reihe von Faktoren zu nennen, die die Lyse beeinflussen. So groß die Zahl der Untersuchungen auf diesem Gebiet auch ist, so ergibt sich doch in vielen Einzelheiten kein völlig befriedigendes Bild, weil sich die gegenseitigen Abhängigkeiten der zahlreichen wirksamen Faktoren nicht als klare Gesetzmäßigkeiten formulieren lassen.

Die Wechselwirkung zwischen Bakterien und Phagen beginnt mit der Bindung der Phagen an die Bakterienoberfläche. Sie tritt, wenn die Phagen nicht gealtert sind (525, 526), bereits in der Kälte ein (326, 484, 519), während die Lyse in der Regel an höhere Temperaturen gebunden ist. Die Bindung erfolgt selbst dann, wenn eine der miteinander reagierenden Komponenten abgetötet bzw. inaktiviert ist (9, 14, 15, 16, 19, 154, 284, 436, 437, 500, 515, 588, 690, 705, 784, dagegen 326). Thermostabile Receptoren vermitteln das Haften der Phagen (148, 153, 560). Durch die Bindung verschwindet zunächst das Lysin aus dem Nährmedium, bevor es erneut auftritt (632, 693 u. a.). In der Frage, ob nur sensible homologe Bakterien die Phagen binden (436, 844) oder auch heterologe (284, 676) und resistente (284, 615, 732, dagegen 150) gehen die Angaben auseinander. Offenbar liegt tatsächlich ungleiches Verhalten bei verschiedenen Stämmen vor (19, 615). Die Bindung erfolgt aerob und anaerob mit der gleichen Geschwindigkeit (766). Sind die Bakterien mit Phagen beladen, die sie nicht zu lösen vermögen, so sind sie auch gegen Phagen, die eine Lösung herbeiführen können, geschützt (517).

Im Übermikroskop läßt sich die Bindung unmittelbar feststellen, doch gelingt dies nicht so leicht, wie man erwarten sollte, weil die Präparation das Haften der Phagen an den Bakterien stört. Die *d'Herellen* orientieren sich an der Zellmembran so, wie es Abb. 1, 4 und 5 zeigen. Sie besitzen besondere Haftorganellen,

[1] *Anmerkung bei der Korrektur.* Vgl. auch (917).

deren Struktur die Spezifität der Bindung an die Wirtszelle bestimmt (924). Bei den stäbchenförmigen *d'Herellen* ist es der eine der beiden Pole, bei den Keulen der Fortsatz, der wahrscheinlich in die Membran des Bakteriums eindringt, während der Hauptteil außerhalb der Zelle bleibt.

Der Lyse geht ein vermehrtes Wachstum der Bakterien voraus (189, 205, 334, 736 u. a.). Nach Phagenzusatz verlieren die Zellen zum Teil sofort ihre Beweglichkeit (570). Fast alle Autoren sind der Auffassung, daß die Einwirkung der Phagen nur in der Vermehrungsphase der Bakterien erfolgt, ob dabei das Wachstum der Zellen oder deren Teilung (49, 679 u. a.) maßgebend ist, blieb unentschieden. Sehr bemerkenswert ist, daß die Vermehrung allein auch nicht genügt, um die Phagenbildung zu gewährleisten, vielmehr müssen ganz bestimmte intermediäre Stoffwechselvorgänge ablaufen. Die Entstehung des Agens soll an die Gegenwart von Polypeptiden (807) gebunden sein, aber es wurde auch Lyse und Phagenvermehrung auf rein synthetischem Nährboden beschrieben (131, 162, 325, 486, 571, 662, 734). Zu bestimmten Stickstoffquellen müssen bestimmte Kohlenstoffquellen im Nährmedium vorhanden sein, die sich nicht beliebig gegeneinander austauschen lassen (341, 735, 928).

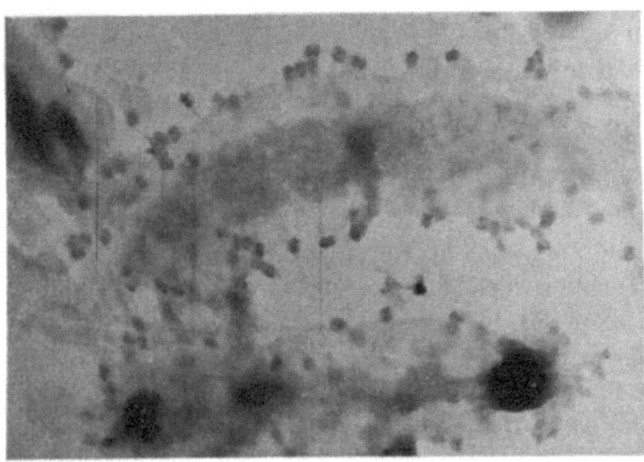

Abb. 5. 8917/41. Typische Lagerung keulenförmiger *d'Herellen* an der Membran teilweise aufgelöster Proteusbakterien. Abb.: 20000:1.

Beim Zusatz von Phagen zu sensiblen Bakterien tritt zunächst eine vermehrte Atmung ein, die mit dem Beginn der Lyse langsam absinkt. Sie entspricht offenbar dem vermehrten Wachstum der Bakterien. Nach völliger Klärung bleibt noch einige Stunden eine ziemlich erhebliche Restatmung bestehen, die von Bakterientrümmern herrühren muß (211). Filtriertes Lysat atmet nicht mehr. Der Verlauf der Sauerstoffaufnahme ist von der anfänglich zugesetzten Phagenmenge abhängig (340, 843). Der Respiratorische Quotient und die Glykolyse bleiben unbeeinflußt. Für die Lyse ist Sauerstoffzutritt günstig (339, 368, 595, 718, dagegen 265, 763, 766). Für die Phagenneubildung selbst scheint indessen, wie auch für die Bindung der Phagen an die Zelloberfläche (766), Sauerstoff nicht erforderlich zu sein (272). Im Verlauf des Lyseversuchs tritt zeitweise eine starke Reduktion von zugesetztem Methylenblau ein (218, 291, 764, 765, 884). Nitroantrachinon kann ebenfalls reduziert werden (422). Bei der Auflösung kommt es zur Hydrolyse der Eiweißkörper (325, 377). Das Bakterieneiweiß wird fast restlos abgebaut (607), die Bakterienkatalase in Freiheit gesetzt (414). Mitunter tritt eine Vermehrung des reduzierenden Zuckers im Nährmedium ein (655). Schon vor der völligen Auflösung scheinen die Bakterien abgestorben zu sein (562, vgl. auch 485 und 10).

Dagegen sollen auf andere Weise, also nicht durch Phagenwirkung, abgetötete Keime nicht mehr gelöst werden können (198, 352, 470, 636, 736). Angaben über die Möglichkeit der Lyse an ruhenden oder abgetöteten Zellen (127, 132, 209, 321, 403, 479, 727, 818) sollen teils auf Versuchsfehlern beruhen (811), teils auf anderen Erscheinungen, wie jenen der echten Bakteriophagie (96, 132, 322). Tote Keime können sogar im Widerspruch zu TWORTS ursprünglichen Angaben (818) bei Anwesenheit von lebenden Keimen und Bakteriophagen nicht nur nicht gelöst werden, sondern auch die Auflösung lebender Keime hemmen (881). Völlig geklärt ist indessen die Frage der Lyse toter Keime noch nicht. Wir sahen nach reichlichem Phagenzusatz meßbare Trübungsabnahme an schonend mit Hitze und Formalin abgetöteten Bakteriensuspensionen, erzielten aber keine völlige Klärung. Es wird ferner bis in die jüngste Zeit trotz älterer negativer Versuche (200) die Frage erörtert, ob Phagen sich auf toten Bakterien oder insbesondere auf Bakterienprodukten vermehren können, indem sie sich aus einer Phagenvorstufe zu vollen Phagen ergänzen (395, 458, 461, 464, 466). Sollten derartige Beobachtungen zu Recht bestehen, so wäre außer an rein chemische Vorgänge auch an die Assimilation restlicher Bakteriensubstanz durch die Phagen zu denken.

Beim Bakterienzerfall bleiben färbbare Granulationen (97) zum Teil auch filtrierbare Bakterienformen übrig (346, 348, 374, 429). Letzteres wird allerdings bestritten (130, 247, 501) und ist auch übermikroskopisch nicht gesehen worden. Jedenfalls treten keine Formen auf, die eine abweichende Organisation erkennen lassen und für das Vorhandensein besonderer sublichtmikroskopischer Entwicklungsstadien der Bakterien sprechen würden. Man sieht gelegentlich Membranreste, Cytoplasmareste oder dichtere Schollen (Abb. 5), wesentlich ist aber, daß alle morphologischen Bestandteile der Zelle zerstört werden (924). Während der Lyse entnommene Bakterien wachsen teils als Normalkolonien weiter, teils als Flatterformen. Nach der makroskopisch völlig erscheinenden Auflösung der Kultur sind erneut auswachsende Keime (Sekundärkolonien) entweder erblich gegen die lösenden Phagen fest geworden (lysoresistent) oder sie führen Phagen in den Kulturen mit, ohne daß Auflösungserscheinungen zu beobachten sind. Welche Eigenschaften die Sekundärkolonien besitzen, scheint vom Kulturalter abzuhängen (281, 282). Die Sekundärkolonien haben eine gewisse Immunität gegen die Phagen erworben, die aber offenbar nicht durch die Phagen selbst, sondern durch Substanzen hervorgerufen wird, die von den Phagen stammen oder bei der Lyse entstehen und Ultrafilter passieren können (32). Die Entwicklung von Sekundärkolonien kann mitunter durch Neueinsaat von sensiblen Bakterien verhindert werden (34). Gegen die Phagen widerstandsfähige Keime können bei der Anwesenheit sensibler Keime mitgelöst werden (219). (Über weitere Folgen der Wechselwirkung zwischen Phagen und Bakterien s. Abschnitt V.)

Die Phagenvermehrung tritt ein, wenn die sich vermehrenden Bakterien eine gewisse Konzentration erreicht haben (180). In Bouillon mit frisch eingesäten lebenden Bakterien und geringen Bakteriophagenmengen vermehren sich die Phagen zunächst nicht (Lysinlatenz) (198, 603). Dieser Phase folgt der Lysinanstieg, der mit dem Anstieg der Bakterienzahlen zusammenfällt (vgl. auch 504, Lysinlatenz, dort in etwas abweichender Definition Inkubationszeit genannt). Für die Nachweisbarkeit der Phagen ist ihre absolute Menge, nicht die Konzentration maßgebend (318). Wenn eine hohe Phagenkonzentration bei nicht zu hoher Bakterienkonzentration erreicht ist, tritt die Lyse in Erscheinung (198). Ein Überschuß von Bakterien hemmt die Lyse, aber nicht die Phagenvermehrung

(198, dagegen 759). Vermehren sich die Bakterien bereits vor dem Zusatz der Phagen, so tritt die Phagenvermehrung sofort nach deren Zusatz ohne Latenzzeit ein (198). Aus einem sprunghaften Anstieg der Phagenkonzentration während der Lyse wurde auf einen plötzlichen Austritt der Phagen aus zerfallenden Bakterien geschlossen (151). Der Bakterienzerfall selbst ist oft von einem Konstantbleiben oder gar Absinken des Phagentiters begleitet, d. h. die Phagen müssen schon vor dem Zerfall der Zellen aus diesen ausgetreten sein (198, 323, 535, 603, 633). Es scheint aber richtiger, diese Beobachtung so zu deuten, daß sich der Vermehrungsprozeß an der Zelloberfläche abspielt, wo die Wirkung der Phagen schon vermutet wurde (562 u. a.) und auch tatsächlich nachweisbar ist (910, 924). Bei dieser Auffassung können sich die Phagen vor der Zellzerstörung von der Zelloberfläche ablösen. Jedenfalls ist der Bakterienzerfall nicht die unmittelbare Quelle der Lysinzunahme (197, 246, 562, dagegen 277), was durch die morphologische Untersuchung einwandfrei bestätigt wurde. Es ist daraus ferner verständlich, daß sich lytische Wirkung, also Bakterienzerfall, ohne Regeneration der Phagen finden läßt (246).

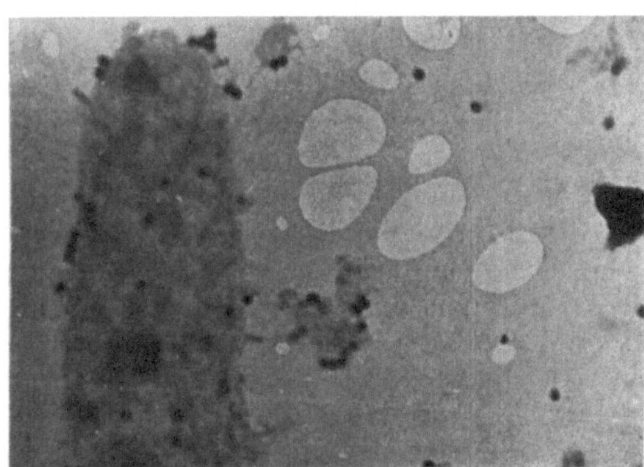

Abb. 6. 10051/41. Gleichzeitiges Auftreten einiger stäbchenförmiger *d'Herellen* an der Zelloberfläche neben keulenförmigen *d'Herellen* (Mischphagen). Abb.: 20000:1.

Alles spricht dafür, daß die Phagen die Bakterienmembran besiedeln. Wie aber hier die Vermehrung vor sich geht, ist noch völlig unklar. Untersuchungen, die KOTTMANN (910) an taches vierges ausgeführt hat, zeigen keine völlige Konstanz der Phagenformen, sondern gewisse Zwischenstufen von kugeligen bzw. kurzen und langen stäbchenförmigen *d'Herellen*, die für ein Wachstum der Einzelteilchen sprechen. Außerdem haben wir beim gleichen Phagenausgangsmaterial stäbchenförmige und keulenförmige *d'Herellen* gefunden (Abb. 6), auf Grund deren ein Übergang verschiedener Formen ineinander erwogen wurde (924). Neuere Untersuchungen besonders reiner Phagenstämme verschiedener Größe haben jedoch, wie erwähnt, eine Konstanz der Formen gezeigt, so daß es sich beim Auftreten verschiedener Grundformen um Mischphagen gehandelt haben muß. Wenn wir eine Konstanz der Grundformen annehmen, bleibt indessen die Frage der Vermehrung dieser Formen immer noch ungelöst. Sichere Teilungsstadien haben wir nicht beobachtet. Bei dem Bau der meisten d'Herellenformen, der durch seine Asymmetrie in gewisser Weise komplizierter ist als jener der Bakterien, wäre vor allem an eine Teilung parallel der Längsachse zu denken.

Jeder Phagenstamm erreicht mit einem dazugehörigen lysosensiblen Bakterienstamm bei der Lyse einen bestimmten terminalen Lysintiter (562). Durch wiederholte Passagen läßt sich dieser Titer nach vielfacher experimenteller Erfahrung zahlreicher Autoren meist noch etwas steigern, bis ein Maximum eintritt [M-Konzentration (45), Σ-Konzentration (556)]. Durch Verdünnung des Ausgangsmaterials kann der Titer der Bakteriophagen festgestellt werden, d. h. man bestimmt die kleinste Volumeneinheit, in der noch ein Phage nachweisbar ist. Die meisten Autoren bevorzugen die Auswertung von in Zehnerpotenzen verdünnten Lösungen der Phagen mittels der Verfolgung der Auflösung im flüssigen Kulturmedium (Dilutionsmethode) gegenüber dem Auszählen steriler Flecke (Plattenverfahren) (69, 198, 200, 604, dagegen 61). Eine besondere Methode entwickelte KRUEGER (457), andere (283) blieben ohne Bedeutung (vgl. auch 196). Normalerweise lassen sich 10^6—10^{10} wirksame Teilchen in 1 ccm Lysat nachweisen, wenn wir voraussetzen, daß bei unseren Nachweismethoden ein Phagenteilchen genügt, um eine Klärung der Bouillon herbeizuführen oder einen sterilen Fleck auf der Agarplatte zu erzeugen (170, 522, 575, 709). Beides trifft indessen nicht unter allen Umständen zu (196, 296, 641). Als besonders hohe Titerwerte eines Lysats wurden Werte von 10^{-14} bzw. Lysinexponenten (e_L) von 14 beschrieben (77, 251). Direkte Zählungen der Phagen im Übermikroskop wurden noch nicht durchgeführt. Sie sind aber prinzipiell möglich.

Reine Phagentrockenpräparate von 100 mμ großen Phagen müssen einen Titer von 10^{-15}, solche von 10 mμ großen Phagen von 10^{-18} ergeben.

Außer dem Phagentiter läßt sich durch Passagen auch die Virulenz steigern (359, 865). Die Verdopplungszeiten der Phagen, die unter sonst gleichen Bedingungen 1—24 Stunden betragen, geben ein Maß für ihre Größe (36, 748, 749). Sie ist unabhängig von der Wachstumsgeschwindigkeit des Bakterienstammes (749), wie überhaupt zwischen der Vermehrung der Phagen und der Bakterien kein unmittelbarer Zusammenhang besteht (78). Virulenz und Titer der Bakteriophagen sind streng voneinander zu unterscheiden (196). Nicht von allen Autoren wird aber mit D'HERELLE die Virulenz als Vermehrungsgeschwindigkeit der Phagen aufgefaßt. Es wäre möglich, daß die Vermehrungsgeschwindigkeit der Phagen keine strenge Beziehung zu ihrer Wirksamkeit, z. B. der Geschwindigkeit der Bakterienauflösung hat, dann wäre die lysierende Aktivität eine besondere dritte Eigenschaft (787).

Lyse und Phagenvermehrung zeigen für jeden Phagen ein bestimmtes Temperaturoptimum (78, 433, 464). Es kann für psychrophile Bakterien sehr tief (4^0) (213, 214), für thermophile sehr hoch (um 50^0) (3, 453, 454) liegen. Außerhalb eines gewissen Temperaturbereiches kann die Lyse und die Lysinzunahme ausbleiben, obwohl die Bakterien sich vermehren (67, 78, 198, 399, 464).

Außer von der Temperatur ist der Lysevorgang von zahlreichen anderen Milieubedingungen abhängig. Bei alkalischer Reaktion ist die Auflösung der Bakterien am vollkommensten (190, 191, 293, 704). Neben den H-Ionen (760) scheinen auch andere Ionen nicht nur Einfluß auf die Phagen, sondern auch auf die Lyse zu haben (315, 316, 442, 466, 575, 744, 893). $CaCl_2$ und $MgCl_2$ haben einen fördernden Einfluß auf die Phagenbildung (571). Ca-Ionen scheinen bei der Lyse und der Phagenbildung eine besondere Rolle zu spielen (7, 316, 874, 879, dagegen 836), aber die Phagen sollen sich auch an Ca-Mangel gewöhnen können (878). Auf die Bindung der Phagen an gelöste Bakterienreste sind die Elektrolyte ebenfalls von Einfluß (314). Ältere Angaben über die Bedeutungslosigkeit der Elektrolyte scheinen nicht mehr zu Recht zu bestehen (133, 169). Zwischen den einzelnen Phagen bestehen große Unterschiede (745). Hohe Kochsalzkonzentrationen werden teils als unschädlich (134, 442), teils als schädlich beurteilt (7, 108). Es scheint ein Antagonismus zwischen Na- und Ca-Ionen zu bestehen. Viele Salze, die in hohen Konzentrationen für Bakterien giftig sind, wirken nicht schädigend auf Bakteriophagen (442). Gegen Fluornatrium (1%) sind die Phagen unempfindlich (364, 413), doch kann ihre Vermehrung gehemmt werden (37). Citrate hemmen die Lyse (10, 11, 315, 340, 792), während Harnstoff einen fördernden Einfluß hat (116).

Lecithin und Eigelb hemmen die Lyse (491, 492, 493). Ebenso Galle (22, 347, dagegen 167) und unter Umständen Cholesterin (492) sowie andere Lipoide (410, 854). Besonders eingehend wurde die hemmende Wirkung von Gelatine und Agar diskutiert (114, 116, 135, 197, 345, 590, 591, 380, 594). Blutserum hemmt die Wirkung mancher Phagenstämme, anderer nicht (22, 173, 344, 385, 586, 587, 640, 801). Auch auf die Art des Serums scheint es anzukommen (640). Daß Serum gesunder Personen die Phagenwirkung nicht hemmt (684), läßt sich wohl wegen der Unterschiede verschiedener Stämme nicht verallgemeinern [1]. Auch Exsudate und Gewebsextrakte können hemmen (20, 21, 147) bzw. fördern (385). Meist ist schwer zu übersehen, ob die Hemmung am Phagen selbst angreift oder an den Bakterien. Letztere vermögen selbst Stoffe zu bilden, die die Lyse verzögern oder die Phagen schädigen (160, 290, 495, 496, 497, 677, 746, 900). Dabei ist auffallend, daß gerade Extrakte von resistenten Bakterien die Phagenwirkung nicht aufzuheben vermögen (160) und Extrakte von sensiblen Zellen besonders wirksam sind (677). Möglicherweise hemmen auch Spaltprodukte, die bei der Lyse entstehen (279).

Die Frage, ob die Auflösung der Bakterien unmittelbar durch die Phagen erfolgt oder auf dem Umweg über ein von den Phagen trennbares lytisches Ferment (747, dagegen 120) und die Frage, ob ein solches Ferment aus den Bakterien oder den Phagen (536, 727, 738, 739, 754, 756) stammt, blieb ungelöst. Aus einer Receptorengemeinschaft zwischen Phagen und einem von diesen trennbaren Ferment wurde auf die Abstammung des Ferments von den Phagen geschlossen (739). Allgemeine Anerkennung fand diese Auffassung indessen bis jetzt nicht [2].

V. Weitere Wechselwirkungen zwischen Bakterien und Bakteriophagen.

Die Erscheinung der Bakterienauflösung in der Bouillonkultur oder auf festem Nährboden blieb nicht die einzige Wirkung, welche man dem neuentdeckten Agens zuschrieb. v. PREISZ (667) betonte in seiner Monographie, daß die Auflösung nur eine der zahlreichen Erscheinungen darstelle, welche man bei der Beobachtung der Einwirkung von Phagen auf Bakterienkulturen sehen könne. GILDEMEISTER, HODER (386) u. a. heben die große Bedeutung der Phagen bei der Mutantenbildung hervor.

Die unter der Einwirkung von Bakteriophagen sich entwickelnden Veränderungen der Bakterien sind so vielfältig, daß sie eine systematische Beschreibung etwa regelmäßig eintretender oder in einer bestimmten Richtung erfolgender Abweichungen von der Ausgangsform nicht zulassen. Je schneller Phagen und Bakterien sich vermehren, um so mehr Varianten treten auf (401). Zum Teil

---

[1] Vgl. auch über Antiphagen in Abschnitt VI.

[2] *Anmerkung bei der Korrektur.* J. V. KECK hat inzwischen den einwandfreien Nachweis führen können, daß das „lytische Ferment“ des von SERTIC beschriebenen, Lysinzonen bildenden Phagen aus den phagenfreien Bakterien zu gewinnen ist. Ausführliche Veröffentlichung erfolgt an anderer Stelle.

entstehen Modifikationen, also Veränderungen, die nur wenigen Generationen erhalten bleiben, zum Teil feste Mutationen. Die morphologischen Änderungen einzelner Zellen sind stets vorübergehender Natur (195, 667, 680, 795). Das unter der Phagenwirkung eintretende Riesenwachstum und andere Veränderungen der Zellformen (667) finden sich in vielen Colikulturen ohne andere Erscheinungen der Bakteriophagie (539). Die Schleimbildung (44, 92, 195, 297, 435, 436, 627, 680, 867), die häufig als Folge der Phageneinwirkung auftritt und mit einer mehr oder weniger deutlichen Resistenzerhöhung gegen die Phagen einhergeht, scheint ebenfalls nur eine Modifikation zu sein (435). Umgekehrt kommt auch Verlust der Schleimbildung unter Phageneinwirkung vor (256, 675). Die Beweglichkeit der Bakterien, also die Geißelbildung, kann sich nicht nur vorübergehend (795), sondern auch für die Dauer ändern (295, 298, 755). Andere Mutationen können sich in verändertem Koloniewachstum (24, 68, 105, 217, 224, 295, 327, 356, 372, 381, 382, 440, 526, 539, 628, 667, 680, 687, 844), in verändertem Stoffwechsel (68, 105, 245, 327, 343, 381, 382, 612, 616, 795, 845), in veränderter Phagenempfindlichkeit (92, 105, 129, 139, 161, 217, 248, 308, 381, 382, 844), veränderter Agglutinierbarkeit (105, 217, 382, 628, 767, 769, 795) oder anderen veränderten serologischen Eigenschaften und in veränderter Virulenz (129, 295, 298, 372, 375, 675, 689) zeigen. Oft handelt es sich auch hierbei um Variationen. Paracoli, Coli imperfectum und Coli mutabile werden als phagenbedingte Variationen aufgefaßt (329). Übergänge von Pyocyaneus in Fluorescenzbakterien (643) sind als Dauermodifikationen, solche von Coli in paratyphusähnliche Keime als Mutationen beschrieben (382). Die Toxinbildung der Ruhrbakterien scheint unbeeinflußt zu bleiben (580). Gewisse Kolonieveränderungen entstehen als Kombinationswirkung der Bakterien und der Phagen, so die Flatterformen (92, 191, 195, 261, 263, 282, 327, 470, 565, 636, 679, 730, 844) und die Phagohämolyse (60, 71, 328, 441, 509, 510, 776, 803, 822). Übermikroskopisch lassen sich *d'Herellen* in Flatterformen auffinden. Verschwinden die Phagen, so tritt die ursprüngliche Kolonieform wieder auf. Auch andere lysinogene Kulturen (92, 139, 281, 389, 800, 844) stellen eine Mischkultur von Bakterien und Phagen dar, während echte resistente Kulturen keine Phagen mehr beherbergen (800). Echte Resistenz und Lysogenität schließen einander aus (281). Man kann Bakterienstämme gegen mehrere Phagenstämme festigen (421, 555), aber ebensowenig wie ein Phage z. B. alle Typhusstämme zu lösen vermag, wird ein durch einen Phagen resistent gewordener Keim gegen alle Phagen resistent (18 u. a., dagegen 533).

Die Entwicklung der Resistenz und anderer Veränderungen sind nicht immer als Mutationen, sondern auch als Wirkungen einer Selektion aufgefaßt worden (124, 129, 149, 294, 483). Die völlige Festigkeit der resistenten Kolonien wurde bestritten, sie soll auf alkalischem Nährboden schwinden (369, 743) und andererseits auch ohne Phagen durch Züchten normaler Keime im Filtrat einer festen Kultur hervorzurufen sein (418) oder spontan auftreten (636). Resistente und lysogene Colistämme sollen sich zur lysosensiblen Ausgangsformen zurückverwandeln können (136), sie hätten dann nicht den Charakter fester Mutanten. Trotz dieser Einwände gegen die Bedeutung der Phagen als eines mutationauslösenden Faktors steht außer Zweifel, daß die Bakterien sich gegenüber den Phagen nicht nur passiv verhalten und passiv der Lyse anheimfallen, sondern, daß sie mit einer großen Zahl von Veränderungen reagieren, durch die sie möglicherweise der Infektion zu widerstehen suchen (353).

Bei der Wechselwirkung zwischen Phagen und Bakterien verändern sich außer den Bakterien auch die Phagen (8, 138, 298, 375, 533, 537, 740, 757, 768, 800, 857, 865), wobei die Frage, ob hier Selektion aus uneinheitlichem Material oder Mutation eines einheitlichen Stammes vorliegt, noch schwieriger zu entscheiden ist als dort. Vielleicht führen Untersuchungen zu dieser Frage weiter, wenn man morphologisch Mischphagen ausschließen kann. Auch spontan sollen Phagenmutationen auftreten (518). Die natürlich vorkommenden Phagen lassen sich in Teilbakteriophagen verschiedener Eigenschaften aufspalten (43, 48, 49, 161, 554, 557, 740). Vielleicht beruht darauf in gewissem Umfang ihre Polyvalenz (597) und das Auftreten verschiedener Grundformen der *d'Herellen.* Reine Phagen mit geringer Variabilität lassen sich aus pasteurisierten Bakteriensporen gewinnen (203, 204). Die Unterschiede des lytischen Agens werden unter anderem teils daran erkannt, daß das Lysin verschiedene Bakterienformen angreift (94), teils daran, daß es auf festen Nährböden verschieden große sterile Löcher bildet (49, 94, 333, 336, 741, 753). Über die Bedeutung der Lochzahl und Lochgröße ist viel diskutiert worden. Sicher scheint zu sein, daß die Lochzahl nicht unter allen Umständen mit der Phagenzahl übereinstimmt (122, 196, 206, 619, 667). Je geringer der Agargehalt ist, um so höher ist die Lochzahl und um so größer sind die Löcher (118). Agar wirkt hemmend auf die Lyse, sei es durch Bindung des Wassers oder durch Erschwerung der Diffusion. Auch mit einer Einwirkung auf das chemotaktische Vermögen des Phagen (411, 536) wäre zu rechnen. Bei einheitlichen Phagen sind die Lochgrößen unter sonst gleichen Bedingungen gleich (vgl. dagegen 917). Große Löcher enthalten mehr Phagen als kleine (250), danach muß auch die Vermehrungsgeschwindigkeit, d. h. die Virulenz der Phagen in großen plages größer sein als in kleinen (406, 572, 618, dagegen 336). Durch Hitzeeinwirkung kann die Fähigkeit große Löcher zu bilden, vorübergehend gestört werden (434). Kleine Phagen bilden in der Regel größere Löcher als große (215). Besonders große Löcher zeigten Kulturen von B. CASTELLANI (313). Die großen Löcher werden hier mit einem schlechten Bindungsvermögen der Phagen an die Bakterien in Zusammenhang gebracht. Möglicherweise handelt es sich auch um sehr kleine Phagen, die leichter diffundieren als große. Als besondere Ausbildungsformen der Löcher wurde hauchartiges Wachstum (636), Rosettenbildung (835), Höfe (309) und Lysinzonen (738) beschrieben.

Gegenüber Leukocyten machen Phagen homologe Bakterien phagocytierbar (253, 387, 531, 601, 771, 849). Andererseits werden sie auch selbst durch Leukocyten zerstört (140) bzw. gebunden (216, dagegen 73). Auch Leukocytenextrakte sind wirksam (587). Die Erscheinung der Phagenschädigung durch Leukocyten wird allerdings auch so erklärt, daß nicht die Phagen durch Leukocyten zerstört, sondern die Bakterien durch das mit dem Leukocyten übertragene Serum geschützt werden (320). Die Leukocyten wiederum können durch lytische Abbauprodukte eine Schädigung erfahren (826).

Von Folgen der Wechselwirkung zwischen Bakterien und Phagen lassen sich alle diejenigen im Übermikroskop beobachten, die die Morphologie einer der beiden Komponenten betreffen. Es sind vor allem Größenänderungen der Bakterien, Kapselbildung, Schleimproduktion und Begeißelung. Aber auch die Vorgänge bei der Bildung der sterilen Einzelherde geben ein wertvolles Untersuchungsobjekt ab (910).

VI. Die Serologie der Bakteriophagen.

Lysate sind als Antigene wirksam (90). Die Antiseren hemmen die Lyse durch Verhinderung der Bindung zwischen Phagen und Bakterien (436), sie verzögern die Phagenvermehrung und verkleinern die sterilen Flecke (13). Auf den sterilen Flecken tritt mitunter erneutes Wachstum ein (402). Die Antikörper können die Phagenwirkung auch völlig neutralisieren und unter geeigneten Bedingungen eine irreversible Bindung mit den Phagen eingehen (13, 172, 446, 578). Ein Überschuß an Antikörpern (12) scheint nicht in jedem Falle notwendig (172). Antiphagenserum vermag die Phagen auch zu neutralisieren, wenn sie an Bakterien gebunden sind, jedoch nicht bei 0^0. Nur wenn sie an abgetötete Bakterien gebunden sind, werden sie auch bei 0^0 neutralisiert (11). Für das Zustandekommen der Neutralisation ist Komplement nicht erforderlich (172, 579), es beschleunigt aber die Bindung zwischen Phagen und Antiphagen und kann auch schwache Seren aktivieren (446). Außer Antiphagen bzw. Antilysinen enthalten die Immunseren gegen die Phagen wirksame Agglutinine bzw. Präcipitine (156, 207, 686, 710). Ob es sich dabei um zwei grundsätzlich verschiedene Antikörper handelt, blieb unklar (419, 710). Agglutination der Phagen tritt auch dann ein, wenn die Phagen an der Bakterienoberfläche adsorbiert sind und zeigt sich unter diesen Bedingungen in Bakterienagglutination (155). Aus dem Verlust der Filtrierbarkeit (13) läßt sich ebenfalls auf Phagenagglutination schließen. Sie kann auch unabhängig von einer Serumwirkung auftreten (520).

Da die Lysate neben den Phagen bzw. dem Lysin die Lösungsprodukte der Bakterien enthalten, wirken die mit dem Lysat gewonnenen Immunseren gleichzeitig antibakteriell. Sie enthalten außer dem Antilysin auch Agglutinine, komplementbindende Antikörper und Präcipitine gegen den gelösten Bakterienstamm (410, 423, 579, 629, 636, 642, 824). Die Lysate lassen sich als bakterielle Antigene verwenden (552 u. a.). Sie sind allerdings weniger wirksam als abgetötete Vollkulturen (431, 846). Auch mit Lysaten, deren Phagen inaktiviert sind, lassen sich bakterienagglutinierende Seren gewinnen (25). Die Antigene der Bakterien und Phagen sind voneinander verschieden (311, 582, 683). Ein Zusammenhang zwischen bakteriolytischen Antikörpern und den Phagen selbst, wie er angegeben worden ist (657, 658), besteht zweifellos nicht (637). Die Möglichkeit, mit Lysaten außer antiphagen auch antibakterielle Antikörper zu erzeugen, zeigt, daß der Abbau des Bakterieneiweißes nicht total bis zu freien Aminosäuren erfolgt, sondern wenigstens zum Teil nur bis zu Produkten, die ihre serologische Spezifität noch bewahrt haben (vgl. auch 521, 541).

Außer mit dem Lysat lassen sich antibakteriophage Seren mit lysinogenen Kulturen (525, 846), mit adsorbierten Phagen (839, 841), mit gereinigten Phagen (101, 397, 446, 707, 889) und unter Umständen mit inaktivierten Phagen (33, 480, 576, 577, 579, 722, 866, 890) gewinnen. Auch mit phagenfreien Ultrafiltraten der Lysate soll die Gewinnung möglich sein (31, 154). Außerdem enthalten die Ultrafiltrate eine Substanz, die die Phagen-Antiphagenreaktion hemmt, und eine, welche schwache Präcipitation mit Phagenantiserum gibt (155). Durch Kochen wird die antigene Wirkung der Phagen zerstört (579, 722). Die reinen Phagen bilden im Gegensatz zum Lysat keine bakteriellen Antikörper (28, 101) und antibakterielle Seren wirken nicht direkt antiphag (90, 579). Lediglich bei Überschuß hemmen sie die Phagenvermehrung (181) ebenso wie bactericide

Seren (182), da beide das Substrat der Phagenvermehrung stören. Aus Antiseren, die mit Lysat gewonnen sind, lassen sich die antibakteriellen Immunkörper durch Adsorption an die Bakterien von den antiphagen Immunkörpern trennen (579, 664, 860). Die antiphage Wirksamkeit leidet dabei nicht (402).

Im Blutserum von Paratyphus- und Ruhrkranken sind antiphage Wirkungen gefunden worden (420, 773), auch menschliche Seren von Gesunden können schwache antiphage Wirkungen zeigen (75, 302, 420, 773, 892). Je nach dem Phagenstamm, mit dem immunisiert wird, erhält man antibakteriophage Seren mit mehr oder weniger hohem Titer (95, 834). Die meisten Antiphagenseren wirken streng spezifisch neutralisierend (181, 579, 722, 846, 849, 888). Gegen ein und denselben Bakterienstamm kann man eine große Zahl serologisch verschiedener Phagentypen finden (751). Andere Seren neutralisieren bestimmte Phagengruppen (12, 499, 534), besonders wenn die Seren mit polyvalenten Phagen gewonnen wurden. Unter den Coli-Dysenteriebakterien wurden scharfe serologische Gruppen festgestellt, die sich außer durch ihren serologischen Charakter durch die Teilchengröße, das Lochbildungsvermögen und die Fähigkeit, Resistenz hervorzurufen, unterscheiden (158). Auch bei Typhusphagen wurden derartige Gruppen gefunden (753). Andererseits können die Antisera mitunter auch gegen heterologe Lysine wirksam sein (636). Eine mit den Seren nachweisbare Komplementbindung ist unspezifisch (233, 362). Es erscheint fraglich, ob sie mit den Phagen oder mit Produkten der Lyse zusammenhängt.

Adaptiert man einen Phagen an einen neuen Bakterienstamm, so behält er in der Regel seine Neutralisierbarkeit durch das vor der Adaptation gewonnene Serum bei (834). Die Adaptierung an neue Bakterien ist in verschiedenem Umfang möglich [vgl. z. B. (243) mit (527)]. Hat ein Phage mehrere Virulenzen, so hemmt ein mit ihm gewonnenes Antiserum alle Virulenzen und nicht nur diejenige, die in dem zur Immunisierung verwendeten Lysat wirksam war (398). Die Züchtung der Phagen verändert also in entsprechend beschriebenen Fällen nicht ihren antigenen Charakter, oder anders ausgedrückt, die Substratbakterien haben hier keinen unmittelbaren Einfluß auf die antigene Wirkung der Phagen (563). Es kann aber auch anders sein (834). Die spezifischen antigenen Eigenschaften des Phagen können sich ändern, wenn er nacheinander verschiedene Bakterien beeinflußt (138, 722). Schließlich wurde beschrieben, daß das Antiserum eines Phagen diesen auch noch neutralisierte, nachdem er gegen einen neuen Bakterienstamm angepaßt war, daß aber umgekehrt das Antiserum des veränderten Stammes nicht mehr den Ausgangsstamm beeinflußte (768). Es lassen sich also in dieser Hinsicht keine Verallgemeinerungen ableiten. Antilytische Seren beeinflussen auch die Phagen und die Bakterien in lysogenen Kulturen. Durch Züchtung lysogener Bakterien in antilytischem Serum kann man lysoresistente Formen und schließlich lysosensible Normalformen erhalten (93, 184).

Zwischen den Angriffspunkten der Phagen und der Bakterienagglutinine an der Oberfläche der Bakterien bestehen gewisse Zusammenhänge (810). Das Phagenbindungsvermögen ist bei agglutininbeladenen Bakterien herabgesetzt (544). Mit GÄRTNER-Antiserum agglutinierte Bakterien haben ihre Empfindlichkeit gegen Typhusphagen verloren (716). Nicht agglutinierbare Bakterien sind mitunter phagenresistent (223, 353), obwohl sie die Phagen noch binden können (229). Sie haben für beide Agentien keine Angriffspunkte. Bebrütung der Bakterien mit Immunserum führt zu Verlust des Phagenbindungsvermögens (810). Der

Zusammenhang zwischen agglutinogenen und phagenadsorbierenden Punkten soll indessen nicht so vollständig sein, daß beide als völlig identisch angesehen werden können (150, vgl. ferner 475). Phagenbeladene Bakterien können leichter agglutinierbar sein als phagenfreie (106). Lysogene Stämme, die in irgendeiner Weise mit Phagen vergesellschaftet sein müssen, sind im Gegensatz dazu als schwer agglutinierbar beschrieben. Sie werden weder von dem mit dem gleichen Stamm gewonnenen Immunserum agglutiniert, noch mit Antiserum des Lysats (90). Antiseren resistenter und normaler Keime unterscheiden sich nicht, und das Resistentwerden zweier verschiedener Bakterien gegen ein und denselben Phagen führt nicht zum Auftreten eines neuen gemeinsamen Agglutinogens bei den Bakterien (137). Zusammenhänge zwischen antigener Funktion und Phagenempfindlichkeit sind verschiedentlich festgestellt worden (152, 752). Die Phagenempfindlichkeit soll dann besonders groß sein, wenn die Bakterien stark säureagglutinabel sind (569). Auch in bezug auf die Thermolabilität und -stabilität bestehen Beziehungen zwischen den Antikörperreceptoren und den Orten der Phagenbindung (786).

Gegen Phagen immunisierte Tiere verlieren im Gegensatz zu normalen (852 u. a.) sehr rasch in die Blutbahn injizierte Phagen (611). Auch durch passive Immunisierung läßt sich dieser Effekt erreichen (611). Aktive Anaphyllaxie läßt sich mit Phagen nicht erzeugen (117). Das Antiphagenserum besitzt eine antiimmunisierende Wirkung. Es erhöht die Empfindlichkeit der Versuchstiere gegen Bakterientoxine (373). Gegen die Antiseren lassen sich wiederum Antiseren, also anti-antibakteriophage Seren gewinnen (221).

Bezüglich der serologischen Reaktionen ist zu erwarten, daß durch die Sichtbarmachung der Phagen die Phagenagglutination ebenso direkt nachgewiesen werden kann wie die Bakterienagglutination. Es wird dabei von besonderem Interesse sein, festzustellen, an welchen Teilen der *d'Herellen* die Agglutination erfolgt. Wahrscheinlich werden sich auch die bisherigen Untersuchungen über die Beziehungen zwischen den Angriffspunkten der Phagen und der Bakterienagglutinine vervollkommnen lassen.

VII. Die Natur und die Wirkungsweise der Bakteriophagen.

Aus der vorstehenden Zusammenfassung des Schrifttums ergibt sich im wesentlichen folgendes Bild vom Stand unserer Kenntnisse über die Bakteriophagen:

Die Bakteriophagen sind in der Natur ebenso verbreitet wie die Bakterien selbst. Es sind Phagen gegen eine sehr große Zahl von Bakterien, aber nicht gegen alle Arten gefunden worden. Ihre Größe bewegt sich, wenn wir die Grenzen eng fassen, nach den indirekten Messungen, zwischen 20 und 120 mμ. Sie sind danach linear 4- bis einige 100mal kleiner als die 500 bis viele 1000 mμ langen Bakterien und besitzen nur etwa den 100. bis 1000000. Teil des Bakterienvolumens. Durch die Abbildung im Übermikroskop wurden die in Abb. 1 dargestellten Gebilde festgestellt und vom Verfasser als *d'Herellen* bezeichnet. Sie sind identisch mit den Bakteriophagen. Ihre Substanz besteht wahrscheinlich zur Hauptsache aus Nucleoproteiden. Sie sind bei neutraler Reaktion des Milieus negativ elektrisch geladen. Gegen eine große Reihe chemischer und physikalischer Maßnahmen verhalten sie sich teils wie biologisch wirksame Eiweißstoffe, Fermente und dgl., teils wie Mikroorganismen. Außer zwischen der Größe, Form und Struktur verschiedener Phagen bestehen auch in anderen Eigenschaften nicht unerhebliche Unterschiede. Die Phagen bringen lebende Bakterien zur völligen Auflösung und zeigen hierbei oder auch ohne eine Auflösung zu bewirken, eine excessive Vermehrung. Sie verändern die Bakterienzellen und Kulturformen, lösen Mutationen aus und sind als Antigene wirksam. In der Therapie angewendet können sie durch die Auflösung der Bakterien, durch die Bildung von Bakterienvarianten, durch die Freisetzung von bakteriellen Antigenen und die Erleichterung der Phagocytose wirksam sein (357, 371). Andere Wirkungen stehen der therapeutischen Anwendung entgegen, so die Entwicklung phagenresistenter Formen und die Entstehung der Phagenimmunkörper.

Trotz dieser Kenntnisse ist das Wesen der Phagen noch umstritten. Die zahllosen Analogien zu unbelebten und belebten Agentien, die immer wieder aufgezeigt wurden, brachten keine endgültige Klärung der Frage, ob die Phagen unbelebte Wirkungsträger oder Ultramikroben sind. Oft wurden aus den gleichen Befunden entgegengesetzte Schlüsse gezogen. Um in den Stand der Diskussion einzuführen, sollen nicht alle einzelnen Argumente einander gegenübergestellt, sondern nur die wichtigsten Gesamtauffassungen gewürdigt werden. Der Streit, der einst um das Infektionsproblem des Makroorganismus bestand, ob nämlich die Agentien, welche Infektionen übertragen, Gifte, Fermente oder belebte Wesen seien (1), wiederholte sich bei der Auffindung der Infektionskrankheiten bakterieller Mikroorganismen. Ja, man kann sogar feststellen, daß im Gewand der Frage nach der Spontanentstehung der Phagen in gewisser Weise die Urzeugung wieder erörtert wurde.

D'HERELLES Auffassung von der belebten Natur der Phagen schlossen sich ALESSANDRINI (6), ASHESHOV (30), BAKER und NANAVUTTY (50), BECKERICH und HAUDUROY (63), BORREL (97), BURNET (157), FISCHER und MCKINLEY (313), FLU (232), GATES (252), HORST (398), LOMINSKI (515), PRAUSNITZ und FIRLE (644, 665, 666), PROCA (672), SCHUURMANN (723), SERTIC und BOULGAKOV (738) und andere Autoren an. Die wesentlichen Argumente für D'HERELLES Theorie waren die diskontinuierliche Form der Phagen, ihre Fähigkeit zu assimilieren und sich zu vermehren, ihr Anpassungsvermögen und ihre Variabilität (365, 366). D'HERELLE hält die Phagen, von denen er nur eine einzige Art annimmt (367)[1], nicht nur für belebt, wie man etwa einem Teilstück einer Zelle, einem Zellkern oder den Mitochondrien und dgl. Qualitäten des Lebens zuschreiben könnte. Er betrachtet sie vielmehr als völlig selbständige Parasiten der Bakterien, deren Ursprung nicht von den Bakterien herzuleiten ist, sondern nur von den Phagen selbst.

Zur Beurteilung der Theorie von der belebten Natur der Phagen können die klassischen Kriterien des Lebens herangezogen werden. Es sind dies die besondere chemische Beschaffenheit der lebenden Substanz, ihre eigene physikochemische Struktur, ihr Stoff- und Formwechsel, ihre Fähigkeit zur Selbstregulation, zum Wachstum, zur Entwicklung und zur Fortpflanzung. D'HERELLE hat von diesen Kriterien eine ganze Reihe aufzeigen können. Vor allem hält er die physiologischen Merkmale für wichtig (907). Da aber zur Kennzeichnung des Lebens die Gesamtheit aller Kriterien notwendig ist, blieb sein Beweis

[1] An der Vielheit der Phagen ist nach den morphologischen Befunden kein Zweifel möglich. Vgl. auch A. GRATIA: La notion de la pluralité des baktériophages; ses origines es ses conséquences. Bull. Acad. Med. Belg. VI, s. 7, 348 (1942).

unvollständig. Die diskontinuierliche Form sagt über das Problem belebt oder unbelebt wenig aus, da auch chemische Substanzen diskontinuierlich sind und die Diskontinuität lückenlos vom Atom bis zum Organismus besteht. Nach der chemischen Analyse der Phagen, die zur Auffindung von Nucleoproteinen führte, bestehen sie aus Substanzen, die für Organismen als Kernsubstanzen von entscheidender Bedeutung sind. Der Mechanismus der Vermehrung ihrer Substanz, dem eine phageneigene oder eine über die Bakterien gehende Assimilation vorausgehen muß, blieb aber ungeklärt, weil er sich in nicht beobachtbaren Dimensionen abspielt. Die Phagenvermehrung wurde von den Kritikern D'HERELLES als Leistung der Bakterien und nicht der Phagen angesehen. Im wesentlichen unbestritten geblieben ist ein gewisses Anpassungsvermögen der Phagen (vgl. dagegen 56). Ihre Variabilität wurde aber auch als Selektion aufgefaßt und andererseits schreiben wir heute Variabilität, ja sogar Mutationsfähigkeit auch Gebilden wie den pflanzenpathogenen Virusproteinen zu, die keinesfalls als belebt im Sinne autonomer Lebewesen gelten können. Einen Stoffwechsel besitzen die Phagen nach dem, was festgestellt werden konnte, nicht. Daß ihre Vermehrung aber mit Stoffaufnahme verbunden sein muß, ist sicher. Struktur und Formwechsel blieben bis zu unseren Untersuchungen völlig unbekannt. Daher sind außer D'HERELLES Auffassung über die Natur der Phagen immer noch andere möglich geblieben.

Die Diskussion entwickelte sich vor allem um die Frage nach dem Ursprung der Phagen. Als Lebewesen konnten sie nur jeweils wieder von Phagen abstammen, als Stoffe Produkte der Bakterienzellen sein oder auch bakterienfremden Ursprungs. Tatsächlich wurden die Phagen als Katalysator (412, 413, 506, 507), der aus Leukocyten stammt und als Enzym aus dem Magen-Darmkanal angesprochen. Insbesondere wurde Trypsin mit verschiedenem Erfolg darauf geprüft, Phagenwirkung zu besitzen oder Phagen zu erzeugen (81, 82, 392, 425, 524, 650, 653, 809, 856, 889). Neuerdings wurde Nucleotidasen eine Beziehung zum lytischen Agens zugeschrieben (780, 781), aber alle Versuche, die Phagen von Fermenten abzuleiten, deren Ursprung außerhalb der Bakterienzelle liegt, halten einer strengen Kritik nicht stand.

Der Ursprung der Phagen aus der Bakterienzelle wird dagegen immer noch diskutiert. Es besteht die Frage, ob aus völlig phagenfreien Kulturen durch äußere Einwirkungen oder unter zwangsläufig sich entwickelnden inneren Bedingungen Phagen neu entstehen können. BORDET und CIUCA (86) glaubten aus ihren Versuchen schließen zu dürfen, daß sich Phagen im Peritonealexsudat durch Einwirkung der Leukocyten auf die Bakterien experimentell erzeugen ließen. Sie vertraten die Auffassung, daß die Bakterien ihre lytischen Eigenschaften im Tierkörper durch eine Abwehrfunktion des infizierten Organismus, und zwar den Kontakt mit dem leukocytären Exsudat erwerben (88). Die Versuche wurden jedoch von anderen teils so gedeutet, daß die Phagen jeweils aus dem Intestinaltrakt in das Exsudat auswandern (360, 797, 896), teils wurde angenommen, daß die zur Erzeugung des Exsudats benutzten Bakterienstämme lysogen waren (231, 481, 516, 688) oder die experimentellen Befunde wurden überhaupt nicht bestätigt (481, 545, 860). Es gelang jedenfalls weder die Bedeutung der Leukocyten einwandfrei festzustellen (543), noch überhaupt einen sicheren Einfluß des Tierkörpers auf die Entstehung und das Fortbestehen der Phagen zu finden (299, 303, 384, 391, 393, 482, 546, 621, 648).

Trotzdem wird die Möglichkeit der Phagenentstehung im Darm bis in die jüngste Zeit erwogen (622, 623).

Einer ähnlichen Kritik setzen sich jene Autoren aus, die die Entstehung der Phagen in alten Kulturen beobachteten (40, 566, 614, 848, 926). Auch durch künstliche Übervölkerung (249), durch Organautolysate (277) oder unter verschiedenen anderen freimachenden Reizen des Milieus (337, 477) sollen Phagen entstehen. Anderen gelang der Phagennachweis in alten Kulturen selten (228) oder gar nicht (538). Von LISBONNE und CARRÈRE wurde dem Zusammenleben verschiedener Bakterienstämme (Bakterienantagonismus) eine auslösende Rolle in der Bakteriophagie zugeschrieben (507). Bakterien, die miteinander in Konkurrenz leben, sollten durch fermentative Vorgänge sich gegenseitig schädigen und so das Phänomen der übertragbaren Lyse verursachen. Aber auch der Bakterienantagonismus konnte nur eines der vielen sichergestellten Hilfsmittel sein, die das Freiwerden oder Wirksamwerden eines in der Kultur von vornherein vorhandenen Lysins begünstigten (220). Das Vorliegen lysogener Kulturen war offenbar für den Nachweis der Phagen durch Bakterienantagonismus Voraussetzung (62, 84, 361). In ihrer Ansicht über den letzten Ursprung des lytischen Vermögens schlossen sich LISBONNE und CARRÈRE der Ansicht BORDETS an, daß es sich um ein unbelebtes durch Leukocytenschädigung hervorgerufenes Agens handelt (506).

Den bakteriellen Ursprung der Phagen vertreten außerdem Verfasser, die in den Phagen keine Stoffwechselprodukte, Fermente oder dgl. sehen, sondern komplexere Gebilde: einen besonderen hereditären Zellfaktor der Autolyse hervorruft (305, 875) oder Splitter der Bakterienzelle aus dem generativen Zellapparat (39, 41, 49).

Beim Nachweis des Ursprungs der Phagen aus den Bakterien wurde von einigen Autoren (188, 201, 501) dem Umstand ein großes Gewicht beigelegt, daß aus Bakteriensporen von lysogenen Kulturen, die auf 90° erhitzt wurden, nach deren Auskeimen wieder Phagen zu gewinnen sind. Ein Übergang der Phagen in die Sporen wurde indessen nicht von allen Seiten bestätigt (5, 306) und auch nicht als beweisend für die Neuentstehung der Phagen aus dem Plasma der Spore angesehen (237, 238). Die Phagen konnten von den auskeimenden Sporen zwar neugebildet werden, aber auch präexistierend in diesen vorhanden sein (871). In letzterem Falle scheint es möglich, daß die Phagen, die wie die Bakterien in trockenem Zustand höhere Temperaturen vertragen als in feuchtem, in der wasserarmen Spore eingeschlossen und dadurch geschützt sind (828). Der Schutz erstreckt sich auch gegenüber der oligodynamischen Wirkung von Metallionen (404). Es könnte für Sporen und Phagen der gleiche Schutzmechanismus vorliegen (187). Letzten Endes blieb die Diskussion um den Übergang der Phagen oder der lysogenen Funktion in die Sporen für den Nachweis ihres bakteriellen Ursprungs ergebnislos.

Sehen wir von der Frage des Ursprungs ab, so ergeben sich für die Wirkungs- und Vermehrungsweise der Phagen wieder verschiedene Möglichkeiten. Fassen wir sie als Lebewesen auf, so bestehen für alle bekanntgewordenen Eigenschaften, insbesondere für ihre Vermehrungsfähigkeit und Variabilität keine grundsätzlich anderen Probleme wie in der übrigen Biologie. Bei der Kleinheit der Objekte, die sicher keine zelligen oder auf die Zelle zurückführbaren Organismen sind, wird man jedoch nicht erwarten, daß der Fortpflanzungsprozeß an einen so komplizierten Mechanismus wie den Chromosomenapparat der kernhaltigen Zelle gebunden ist. Die Phagen können als Parasiten innerhalb der Bakterienzelle leben oder was nach unseren Beobachtungen richtig erscheint, auf der Zelloberfläche. Dadurch bewirken sie Veränderungen der Wirtszelle oder deren Auflösung. Sowie wir von der Auffassung, daß die Bakteriophagen Lebewesen sind, abweichen, müssen für die beobachtbaren Erscheinungen besondere Annahmen gemacht und Erklärungen gesucht werden. Faßt man die Phagen entgegen den Anschauungen D'HERELLES als stoffliche Produkte, Hormone, Wuchsstoffe, Fermente usw. auf (14, 15, 83, 85, 126, 202, 225, 264, 280, 282, 330, 334, 630, 650, 660, 670, 671, 690, 887), so müssen sich unter deren Einwirkung die Bakterien auflösen und dasselbe Ferment erneut produzieren (412, 413) oder das Ferment muß entsprechende Fermente innerhalb der Zelle freilegen (280). Andererseits läßt sich die Phagenvermehrung auch so auffassen, wie die Synthese zelleigener Eiweißkörper im Rahmen des physiologischen Zellchemismus, d. h. als Autokatalyse (464), oder sie läßt sich in spezieller Weise mit der Vermehrung kernsubstanzartiger Stoffe in Zusammenhang bringen. Aber gegen all diese Erklärungsversuche spricht die unmittelbare Beobachtung.

Der Fermenttheorie, wie auch der Auffassung vom bakteriellen Ursprung der Phagen, schlossen sich OTTO und Mitarbeiter an (630, 631, 632, 636, 637). Die Vermehrung der Phagen deuten sie als das Freiwerden fermentativ wirkender Bakterieneiweißteilchen. SEIFFERT erklärte das D'HERELLEsche Phänomen als exogenen autolytischen Prozeß (729, 731, 733, vgl. ferner 210, 280, 902). Er hält die Bakteriophagen für Zwischenprodukte des Eiweißstoffwechsels. Entsprechend der Autokatalyseauffassung wird auch von Bakteriolyten anstatt von Bakteriophagen gesprochen (656, 657, 659, 660). GILDEMEISTER und HERZBERG (271) betonen, daß das Lysin nicht ein Produkt der zerfallenden, sondern der lebenden Zelle sei. Die stoffliche Zugehörigkeit, ob Fermente oder Toxine, die neuerdings in bestimmten Fällen als identisch angesehen werden, lassen sie offen. Jedenfalls gibt es ihrer Auffassung nach bei Einzellern eine Übertragung krankhafter Zustände durch unbelebte Materie, ein Vorgang, der inzwischen bei anderen Virusinfektionen, insbesondere in der Phytopathologie sichergestellt ist. Sie verbinden die mit der Lyse zusammenhängenden Erscheinungen mit dem Gebiet der Bakterienvariabilität (260). Aber ihren Arbeiten gegenüber begegnen wir dem Einwand, daß sie in bezug auf die Entstehung der Phagen zu unbegründeten Schlüssen kamen, weil sie mit lysogenen Stämmen arbeiteten (46, 232).

WOLLMANN (694) hatte sich ursprünglich für SALIMBENI ausgesprochen, der den Phagen für ein filtrierbares Sporenstadium eines Myxomyceten hielt (858) [vgl. auch PH. KUHN und M. KOCH (468, 469, 452)], danr sich jenen Autoren angeschlossen, die in den Phagen einen hereditären Faktor der Zelle sahen, der eine gewisse Autonomie besitzt und bei normalen Zellen dieselbe Veränderung dieses hereditären Faktors wieder hervorrufen kann (861). [Vererbbares Phänomen der Bakterienvariation (869).] Er schloß dies insbesondere aus Versuchen an einem lysogenen Stamm von B. megatherium (871, 872, 873, 876, 877, 880). Die klarsten Vorstellungen über mögliche Zusammenhänge zwischen den Phagen und den Erscheinungen der Variabilität hat BAIL (39, 47) entwickelt. Er glaubt, daß es insbesondere unter dem Einfluß der Körperschutzkräfte zu einem Abbau der Bakterien kommt, bei dem lebens- und vermehrungsfähige „Splitter" entstehen, die der generativen Substanz, wahrscheinlich den Chromosomen (42), der Bakterienzelle angehören. Diese Splitter entziehen dann normalen Kulturen die Lebensgrundlage und bauen sie dadurch selbst wieder zu Splittern ab. Wird eine befallene Bakterienzelle nicht völlig abgebaut, so kommt es nur zu einem Teilverlust ihrer generativen Substanz und so entstehen Verlustmutanten, wie beispielsweise die phagenresistenten Formen. Ähnlichen Gedankengängen begegnen wir in modernerer Fassung bei Lwoff (523) und Lindegreen (505). Sie suchen Beziehungen zu den Genen, wie es heute im Gebiet der Virusforschung von vielen Seiten geschieht. Ein Überblick über die verschiedenen Virusformen hat uns indessen gezeigt, wie vorsichtig man mit Verallgemeinerungen sein muß (923, 925). Was heute unter Virus verstanden wird, ist eine äußerst heterogene Gruppe von Krankheitserregern. Sie reicht von cellulären Mikroben über acelluläre Lebewesen bis zu unbelebten Makromolekülen. Klare Grenzziehungen sind die Aufgaben künftiger Forschung.

Rosenthal betrachtete auf Grund zahlreicher Analogien die Phagen als subvisible Sporen der gelösten Bakterien (683). Suknew sieht in der Lyse lediglich den Übergang der Bakterien in eine filtrierbare Form (796). Hadley betrachtet die Phagen als filtrable Gebilde aus dem Formenkreis der Bakterien. Das Auftreten filtrierbarer Keime beim Auflösungsprozeß ist schon von d'Herelle und Hauduroy und anderen Autoren beschrieben worden (346, 348, 374, 429). Sie identifizieren die filtrierbaren Formen aber keineswegs mit den Phagen selbst. Es soll sich bei ihrem Auftreten um den Eintritt einer Veränderung handeln, die längere Zeit erhalten bleibt, bei der aber auch Rückschläge in die Ausgangsform der Bakterien zu beobachten sind. Die Erscheinung, die allerdings nicht unbestritten ist, kann entweder zu den Mutationen in Beziehung stehen, die unter dem Einfluß der Phagen zustande kommen können oder sie betrifft einen grundlegenden physiologischen Formwechsel der Bakterien. Nach Lodenkämper (508) ist dieser von Almquist, Löhnis, Enderlein, Kuhn, v. Preiss, Haag, Hadley und Mellon, ferner von Oesterle und Stahl (613), Bürgers (146), Vierthaler (830), Sander (695), Gratia (307) und zahlreichen anderen Autoren untersucht worden. Es hat sich dabei kein auch nur einigermaßen befriedigendes Gesamtbild ergeben. Das Problem der Bakteriophagie scheint sich aber vielfach mit Problemen der Pleomorphie der Bakterien zu berühren. So umstritten dieses Gebiet ist, so steht doch so viel außer Zweifel, daß die Bakterienzelle in verschiedenen cytologischen Formen mit verschiedener innerer Organisation auftritt. Dies hat die Übermikroskopie besonders deutlich erwiesen (903, 911, 918, 929). Welche Bedeutung der Verschiedenheit der Zellen im einzelnen zukommt und ob in den Formenkreis der Bakterien auch mit einiger Regelmäßigkeit besonders kleine lichtoptisch unsichtbare und filtrierbare Formen hineingehören, ist trotzdem noch nicht geklärt. Ebenso steht dahin, ob filtrierbare Formen sich nur durch ihre Größe oder auch durch Unterschiede der Organisation unterscheiden. Sehr wahrscheinlich erscheint uns das Vorkommen filtrierbarer Formen besonderer Organisation nicht, und Beziehungen zu den Phagen muß man nach unseren Beobachtungen ablehnen.

Fragen wir uns abschließend, inwieweit ein Ausbau der Morphologie in kleinere Dimensionen zum Problem der Natur der Bakteriophagen einen Beitrag geleistet hat, so können wir an die obengenannten Kriterien des Lebens anknüpfen und erwägen, welche Kriterien eine morphologische Beurteilung zulassen. Es sind dies die physiko-chemische Struktur, der Formwechsel, das Wachstum, die

Entwicklung und die Fortpflanzung lebender Elemente. Die physiko-chemische Struktur der Phagen ist einerseits mit der Struktur der Bakterien als den kleinsten zelligen Lebewesen und mit der Struktur des Protoplasmas, andererseits mit dem Bau hochmolekularer Verbindungen zu vergleichen. Als Kennzeichen der Makromoleküle gilt die Zusammensetzung aus sich wiederholenden Grundbausteinen (794, 923). Besonders wird man Beziehungen zu den hochmolekularen Virusproteinen der Pflanzen (908, 909) suchen und dabei leicht feststellen, daß die Bakteriophagen nicht mit ihnen zu vergleichen sind (925). Aber auch mit Zellen oder indifferenten Protoplasmabruchstücken haben die *d'Herellen* nichts gemein. Die Struktur ist von den genannten Kriterien des Lebens am einfachsten zu beurteilen. Die anderen Kennzeichen, wie Wachstum, Entwicklung und Fortpflanzung besitzen zwar ebenfalls eine strukturelle Grundlage, erfordern aber gleichzeitig die Beurteilung eines zeitlichen Ablaufs. Über diesen kann aus unseren Beobachtungen nichts unmittelbar ausgesagt werden, weil er durch den Einfluß der Elektronenstrahlen und anderer Untersuchungsbedingungen unterbrochen wird. Versuche, diesen Einfluß auszuschalten, sind zwar unternommen worden (23), aber praktisch von geringer Bedeutung (98). Man kann daher nur von häufig beobachteten Formübergängen bzw. Formenreihen mit Vorsicht auf Wachstum, Entwicklung und Teilung zu schließen versuchen. Etwas Sicheres haben wir darüber bei den *d'Herellen* nicht beobachtet, insbesondere ist das Fehlen von Formen auffallend, die auf einen Teilungsvorgang hindeuten.

Unsere morphologischen Befunde bei der bakteriophagen Lyse schließen aber, obwohl sie noch in vieler Hinsicht der Ergänzung bedürfen, eine Reihe von Deutungsversuchen des D'HERELLEschen Phänomens aus. Sie haben erwiesen, daß die Phagen nicht als hochmolekulare Stoffe betrachtet werden können und zwingen infolgedessen dazu, jene Hypothesen aufzugeben, die in den Phagen nur stoffliche Wirkungsträger, Fermente irgendwelcher Art, Hormone, Wuchsstoffe oder Ähnliches sehen. Sie zeigen, daß die Phagen nicht normale Bestandteile oder Splitterstücke der Bakterienzelle oder des generativen Zellapparats sind. Ebenso können sie nicht als Entwicklungsstadien der Bakterien aufgefaßt werden, weil hierfür alle Übergänge fehlen. Auch können sie nicht als Sporenstadien eines Bakterienparasiten gelten, denn wir haben dessen vegetative Form nicht beobachtet. Von den zahlreichen Hypothesen über das Wesen der Bakteriophagie stützen unsere Beobachtungen nur die Theorie von D'HERELLE. Insbesondere, wenn wir mit H. DINGLER[1] als ausreichendes Kennzeichen des Lebens allein die „höhere *Komplikation* der Struktur" ansehen, so besteht kein Zweifel, daß die Phagen zu den *Lebewesen* zu rechnen sind. Die pflanzenpathogenen Viren dagegen mit einer „höheren *Ordnung* der Struktur" sind *molekulare Gebilde*.

Die grundlegende Bedeutung des Nachweises acellulärer und doch morphologisch und funktionell gegliederter Lebewesen beruht in der Notwendigkeit, die Cellularlehre auf zellige Organismen zu beschränken und den phylogenetischen Ursprung des Lebens in einfacheren als cellulären Lebensformen zu suchen. Diese Auffassung kann auch der Einwand nicht entkräften, daß von solchen

[1] H. DINGLER in „Die Evolution der Organismen", herausgeg. von G. HEBERER. Jena: Gustav Fischer 1943.

Lebensformen bislang nur parasitische gefunden worden sind oder sich nur erhalten haben.

Dem Reichsforschungsrat dankt der Verfasser für die Unterstützung seiner Arbeiten, Frau M. GETHMANN und insbesondere Fräulein E. FEHLHABER für ihre gewissenhafte Hilfe.

Schrifttum.

Zusammenfassende Darstellungen in deutscher Sprache siehe 388, 634, 635, 651, 927.

1. ABEL, R.: Überblick über die geschichtliche Entwicklung der Lehre von der Infektion, Immunität und Prophylaxe. Handbuch der pathogenen Mikroorganismen, 3. Aufl., Bd. 1. 1929.
2. ACANFORA, G.: Il batteriofago nelle acque del TEVERE (con particolare riguardo alla sua azione sui bacilli metadissenterici di CASTELLANI). Ann. Igiene **1939**, 281—289. Ref. Zbl. Bakter. **135**, 143 (1940).
3. ADANT, M.: Les bactériophages des microbes thermophiles. C. r. Soc. Biol. Paris **99**, 1244, 1246 (1928).
4. — Provenance du bactériophage antisubtilis et antimesentericus. C. r. Soc. Biol. Paris **100**, 449 (1929).
5. — et P. SPEHL: Au sujet de l'existence des bactériophages dans les spores. C. r. Soc. Biol. Paris **114**, 178 (1933).
6. ALESSANDRI, A.: Sulla natura del batteriofago. Ann. d'Igiene **1925**, 649. Ref. Zbl. Bakter. **83**, 75 (1926).
7. — Azione del cloruro di sodio sul batteriofago. Policlinico, sez. prat. **32**, 1705 (1925). Ref. Zbl. Bakter. **82**, 287 (1926).
8. — e M. SABATUCCI: Variazioni di attività litica del batteriofago. Ann. Igiene **40**, 1 (1930). Ref. Zbl. Bakter. **99**, 380 (1930).
9. AMAKO, T.: Über die Bindung der Bakteriophagen durch Bakterien. Z. Immun.forsch. **70**, 409 (1931).
10. ANDREWES, C. H.: The „killing" of bacteria by bacteriophage. Brit. J. exper. Path. **13**, 13 (1932).
11. — Influence of the bacterial cell on the phage-antiphage reaction. Brit. J. exper. Path. **13**, 85 (1932).
12. — and W. ELFORD: Observations on anti-phage sera. I. „The percentage law." Brit. J. exper. Path. **14**, 367 (1933).
13. — Observations on anti-phage sera. II. Properties of incompletely neutralized phage. Brit. J. exper. Path. **14**, 376 (1933).
14. ANGERER, K. v.: Beiträge zum Bakteriophagenproblem. Arch. f. Hyg. **92**, 312 (1924).
15. — Zur physikalischen Chemie des D'HERELLEschen Phänomens. Zbl. Bakter. I Orig. **104**, 261 (1927).
16. — u. H. RUPP: Über die Bindung des Bakteriophagen. Arch. f. Hyg. **99**, 118—129 (1928).
17. APPELMANS, R.: Quelques applications de la méthode de dosage du bactériophage. C. r. Soc. Biol. Paris **86**, 508 (1922).
18. — et J. WAGEMANS: Bactériophages de diverses provenances. C. r. Soc. Biol. Paris **86**, 738 (1922).
19. APPLEBAUM CONGRESS, M.: Bacteriophage absorption by blood cells and bacteria. J. inf. Dis. **64**, 83—88 (1939).
20. — and MACNEAL: The influence of pus and blood on the action of bacteriophage. J. inf. Dis. **49**, 225 (1931).
21. — and W. J. MACNEAL: The influence of blood and of exsudate on the action of bacteriophage against the colon bacillus. J. inf. Dis. **50**, 269 (1932).
22. — and M. PATTERSON: The effect of bile on the bacteriophage phenomenon. J. inf. Dis. **58**, 195 (1936).
23. ARDENNE, M. v. u. H. FRIEDRICH FREKSA: Elektronen-Übermikroskopie lebender Substanz. Die Auskeimung der Sporen von Bacillus vulgatus nach vorheriger Abbildung im 200 kV-Universal-Elektronenmikroskop. Naturwiss. **29**, 521, 523 (1941).

24. Arkwright, J. A.: The source and characteristics of certain cultures sensitive to bacteriophage. Brit. J. exper. Path. 5, 23 (1924).
25. Arloing, F., A. Josserand et A. Nabonne: Pouvoir antigénique des lysats de bacillus d'Eberth obtenus avec un bactériophage approprié. Presse méd. **1930**, 1063.
26. — et Sempé: Pouvoir antimicrobien lytique d'eaux fluviales ou marines, françaises et étrangères. Rôle possible du bactériophage. C. r. Soc. Biol. Paris **94**, 191 (1926).
27. Arnold, L.: The significance of bacteriophage in surface water. Amer. J. publ. Health **15**, 950 (1925).
28. — and E. Weiss: Isolation of bacteriophage free from bacterial proteins. J. inf. Dis. **37**, 411 (1925).
29. — — Bacterial protein — free bacteriophage prepared by tryptic digestion. J. of Immun. **12**, 313 (1926).
30. Asheshov, I. N.: Experimental studies on the bacteriophage. J. inf. Dis. **34**, 536 (1924).
31. — Le pouvoir antigène des lysats ultrastériles. C. r. Soc. Biol. Paris **93**, 643 (1925).
32. — Immunisation des bactéries contre le bactériophage. C. r. Soc. Biol. Paris **93**, 644 (1925).
33. — Pouvoir antigène du bactériophage inactivé. C. r. Soc. Biol. Paris **93**, 1327 (1925).
34. — Effect de l'addition d'une culture fraîche à une culture lysée par le bactériophage. C. r. Soc. Biol. Paris **93**, 1329 (1925).
35. — Méthode améliorée pour l'obtention de suspensions pures de bactériophages. C. r. Soc. Biol. Paris **98**, 770 (1928).
36. — J. Asheshov, M. Lahiri and S. Chatterji: Studies on cholera bacteriophage. III. Virulence and development of bacteriophage. Indian J. med. Res. **20**, 1159 (1933).
37. Bablet: Sur le principe bactériophage de d'Hérelle. C. r. Soc. Biol. Paris **83**, 1322 (1920).
38. Bachmann, W. u. T. Wohlfeil: Stoffwechselversuche mit einem Coli-Bakteriophagen. Zbl. Bakter. I Orig. **104**, 256 (1927).
39. Bail, O.: Das bakteriophage Virus von d'Herelle. Wien. klin. Wschr. **1921 I**, 237.
40. — Bakteriophage Wirkungen gegen Flexner- und Colibakterien. Wien. klin. Wschr. **1921 I**, 448.
41. — Über Shiga-Bakteriophagen. Wien. klin. Wschr. **1921 I**, 555.
42. — Elementarbakteriophagen des Shiga-Bacillus. Wien. klin. Wschr. **1922 I**, 722, 743, 765.
43. — Versuche über die Vielheit von Bakteriophagen. Z. Immun.forsch. **38**, 57 (1923).
44. — Beobachtungen an Colibakteriophagen. Med. Klin. **1923 I**, 144.
45. — Untersuchungen über die M-Konzentration von Bakterien und Bakteriophagen. Arch. f. Hyg. **94**, 54 (1924).
46. — Der Colistamm 88 von Gildemeister und Herzberg. Med. Klin. **1925 II**, 1271.
47. — u. S. Okuda: Der Abbau lebender Bakterien durch Bakteriophagen. Arch. f. Hyg. **92**, 251 (1923).
48. — u. T. Watanabe: Über Mischbakteriophagen. Wien. klin. Wschr. **1922 I**, 169.
49. — — Versuche über spezifische Bakteriophagenwirkung. Wien. klin. Wschr. **1922 I**, 362.
50. Baker, S. L. and S. H. Nanavutty: A quantitative study of the effect of ultraviolet rays upon the bacteriophage. Brit. J. exper. Path. **10**, 45 (1929).
51. Balsamelli, F.: Ricerche di un eventuale batteriofago del pneumococco. Giorn. Batter. **14**, 107 (1935). Ref. Zbl. Bakter. **118**, 552 (1935).
52. Basset, J., M. Macheboeuf et E. Wollmann: Études biologiques éffectuées grace aux ultra-pressions: Recherches sur les microbes pathogènes et leurs toxines, sur les virus invisibles, les bactériophages et les tumeurs malignes. Ann. Inst. Pasteur **58**, 58 (1937).
53. — E. Wollman, M. Macheboeuf et Bardach: Études sur les effects biologiques des ultrapressions; action des pressions très élevées sur les bactériophages et sur un virus invisible (virus vaccinal). C. r. Acad. Sci. Paris **196**, 1138 (1933).
54. Bayne-Jones, St.: Changes in the shape and size of Bac. coli and Bac. megatherium under the influence of bacteriophage. A motion photomicrographic analysis of the mechanism of lysis. J. of exper. Med. **57**, 279 (1933).
55. Beard, P.: Decreased resistance of purified bacteriophages to disinfectants. Proc. Soc. exper. Biol. a. Med. **26**, 880 (1929).
56. — Bacteriophage adaption. J. inf. Dis. **49**, 367 (1931).
57. Bechhold, H.: Ferment oder Lebewesen. Kolloid-Z. **66**, 329 (1934); **67**, 66 (1934).
58. — N. Leitner u. S. Ornstein: Die Größenordnung des Bakteriophagen. Zbl. Bakter. I Orig. **112**, 336—343 (1929).

59. BECHHOLD, H. u. M. SCHLESINGER: Die Adsorption des Bakteriophagen an Kieselsäurepräparate. Kolloid-Z. **57**, 180—183 (1931).
60. BECHTEL, E.: Über das Phänomen der Hämolyse durch Einwirkung von Bakteriophagen. Zbl. Bakter. I Orig. **119**, 340 (1930).
61. BECKERICH, A. et P. HAUDUROY: Au sujet du titrage du bactériophage. C. r. Soc. Biol. Paris **86**, 165 (1922).
62. — — Au sujet de l'obtention de bactériophage par antagonisme microbien. C. r. Soc. Biol. Paris **86**, 881 (1922).
63. — — Le bactériophage de D'HÉRELLE : ses applications thérapeutiques. J.Bacter. **8**, 163 (1923).
64. BECKWITH, T. D., A. R. OLSON and E. J. ROSE: The effect of x-ray upon bacteriophage and upon the bacterial organism. Proc. Soc. exper. Biol. a. Med. **27**, 285—286 (1930).
65. — and E. ROSE: The bacteriophage content of sewage and its action upon bacterial organisms. J. Bacter. **20**, 151—159 (1930).
66. BERGER, E.: Vergleichende Filtrationsversuche mit Hühnerpestvirus und übertragbarem Lysin. Z. Hyg. **108**, 315—328 (1928).
67. — u. H. ROESLI: Die übertragbare Lyse als Funktion der Temperatur. Z. Hyg. **107**, 731 (1927).
68. BERGSTRAND, H.: Sur la lyse microbienne transmissible. C. r. Soc. Biol. Paris **86**, 489 (1922).
69. — Über verschiedene Methoden zur Messung der lytischen Stärke einer „Bakteriophagenbouillon". Zbl. Bakter. I Orig. **116**, 481 (1930).
70. — u. R. FAHRAEUS: Über Versuche, das lytische Agens einer Bakteriophagenbouillon zu zentrifugieren. Zbl. Bakter. I Orig. **123**, 66 (1931).
71. BIANCHI, L. u. C. CALLERIO: Einfluß des Bakteriophagen auf die hämolytische Wirkung des Typhusbacillus (FRIEDBERGER-VALLENsches Phänomen). Z. Immun.forsch. **72**, 155 (1931).
72. BIEMOND, A. G.: Einige Bakteriophagenuntersuchungen. Z. Hyg. **103**, 681 (1924).
73. BIER, OTTO-GUILHERME et CUNHA NOBREGA: Sur la prétendue adsorption du bactériophage par les leucocytes. C. r. Soc. Biol. Paris **108**, 513 (1931).
74. BIFULCO, C.: Il „potere litico" nelle acque della laguna veneta. Estr. da l'Igiene moderna **1927**, 4. Ref. Zbl. Bakter. **89**, 428 (1928).
75. BIGLIERI, R. et I. FISCHER: Contributation à l'étude des propriétés antibactériophages des sérums humains. C. r. Soc. Biol. Paris **108**, 674—675 (1931).
76. BLAIR, J. E. and D. L. REEVES: The placental transmission of bacteriophage. J. inf. Dis. **42**, 440—443 (1928).
77. BLOCH, H.: Über einen Potenzierungseffekt bei Bakteriophagen. Arch. ges. Virusforsch. **1**, 560—570 (1940).
78. — Der Einfluß der Temperatur auf den Ablauf der Bakteriophagenreaktion. Arch. ges. Virusforsch. **2**, 268 (1942).
79. BOGOPOLSKY, M. D. u. O. J. BERSCHOWA: Der Bakteriophag zu ammonifizierenden Bakterien in verschiedenen Bodentypen. J. de Microbiol. **6**, 61—80 (1939). Ref. Zbl. Bakter. **138**, 256 (1940).
80. — Vorläufige Untersuchungsergebnisse und Aufgaben der Forschung der Bakteriophagie der Böden und Düngemittel. Inst. Mikrobiol. u. Epidemiol. Kiew **1939**, 329—335. Ref. Zbl. Bakter. **137**, 465 (1940).
81. BORCHARDT, W.: Biologische Untersuchungen über die Natur des D'HERELLEschen Phänomens. Klin. Wschr. **1923 I**, 295.
82. — Biologische Beiträge zum D'HERELLEschen Phänomen. Z. Immun.forsch. **37**, 1 (1923).
83. — Die Blausäureresistenz des D'HERELLEschen Bakteriophagen. Z. Immun.forsch. **54**, 403 (1928).
84. BORDET, J.: Apparition spontanée du pouvoir lysogène dans les cultures pures. C. r. Soc. Biol. Paris **90**, 96 (1924).
85. — Pouvoir lysogène actif ou spontané et pouvoir lysogène passif ou provoqué. C. r. Soc. Biol. Paris **93**, 1054 (1925).
86. — et M. CIUCA: Exsudats leucocytaires et autolyse microbienne transmissible. C. r. Soc. Biol. Paris **83**, 1293 (1921).
87. — — Specificité de l'autolyse microbienne transmissible. C. r. Soc. Biol. Paris **84**, 238 (1921).

88. Bordet, J. et M. Ciuca: Déterminisme de l'autolyse microbienne transmissible. C. r. Soc. Biol. Paris **84**, 276 (1921).
89. — — Spécificité de l'autolyse microbienne transmissible. C. r. Soc. Biol. Paris **84**, 278 (1921).
90. — — Autolyse microbienne et sérum antilytique. C. r. Soc. Biol. Paris **84**, 280 (1921).
91. — — Remarques sur l'historique des recherches, concernant la lyse microbienne transmissible. C. r. Soc. Biol. Paris **84**, 745 (1921).
92. — — Evolution des cultures de coli lysogène. C. r. Soc. Biol. Paris **84**, 747 (1921).
93. — — Guérison et retour à l'état primitif, par le sérum antilytique, du coli lysogène. C. r. Soc. Biol. Paris **84**, 748 (1921).
94. — et E. Renaux: Races microbiennes et diversité des principes autolytiques. Ann. Inst. Pasteur **49**, 545 (1932).
95. — — Sur les sérums antilytiques. Ann. Inst. Pasteur **50**, 299 (1933).
96. Born, W.: Untersuchungen über die Einwirkung abgetöteter Bakterien auf das bakteriophage Lysin. Zbl. Bakter. I Orig. **116**, 284—290 (1930).
97. Borrel, A.: Surcoloration de colonies microbiennes bactériophagées. C. r. Soc. Biol. Paris **98**, 947—948 (1928).
98. Borries, B. v.: Über die Intensitätsverhältnisse am Übermikroskop. III. Mitt.: Eignung und Empfindlichkeitsgrenzen photographischer Platten für übermikroskopische Aufnahmen. Z. Phys. **119**, 498 (1942).
99. — E. Ruska u. H. Ruska: Übermikroskopische Bakterienaufnahmen. Wiss. Veröff. Siemens-Werk **17**, 107 (1938).
100. — — Mikroskopie hoher Auflösung mit schnellen Elektronen. Erg. exakt. Naturwiss. **19**, 237 (1940).
101. Bossa, G.: Über die antigenen Eigenschaften des bakteriophagen Lysins. Z. Hyg. **114**, 77 (1932).
102. Boulgakov, N.: Sur des races de bactériophages virulentes pour bacterium prodigiosum. C. r. Soc. Biol. Paris **102**, 981 (1929).
103. — et V. Sertic: Sur des races de staphylophages isolées de l'eau d'égout. C. r. Soc. Biol. Paris **104**, 1258—1260 (1930).
104. Brainard, D. and W. Noble: Studies of acute respiratory infections. V. Attempts to demonstrate bacteriophage for pneumococci and influenza bacilli. Amer. J. Hyg. **21**, 58—63 (1935).
105. Breinl, F. u. F. Hoder: Bakteriophagenwirkungen in der Paratyphusgruppe. Zbl. Bakter. I Orig. **96**, 1 (1925).
106. Brill, J.: Serophagoagglutination. Zbl. Bakter. I Orig. **126**, 540 (1932).
107. Bronfenbrenner, J.: Further studies on so-called bacteriophage. Proc. Soc. exper. Biol. a. Med. **22**, 81 (1924).
108. — Effect of electrolytes on the rate of inactivation of bacteriophage during precipitation. Proc. Soc. exper. Biol. a. Med. **23**, 187 (1925).
109. — Does bacteriophage respire? Science (N. Y.) **63**, 51 (1926).
110. — Respiration of so-called filtrable viruses. Proc. Soc. exper. Biol. a. Med. **24**, 176 (1926/27).
111. — Studies on the bacteriophage of d'Hérelle. VII. On the particulate nature of bacteriophage. J. of exper. Med. **95**, 873 (1927).
112. — The heat inactivation of bacteriophages. Proc. Soc. exper. Biol. a. Med. **29**, 802 (1932).
113. — True polyvalence of pure bacteriophages. Proc. Soc. exper. Biol. a. Med. **30**, 728 (1933).
114. — and D. Hetler: Mechanism of the inhibition of bacteriophagy by agar or gelatin. Proc. Soc. exper. Biol. a. Med. **25**, 480—481 (1928).
115. — — Can bacteriophage be detached from the carrier-particles? Proc. Soc. exper. Biol. a. Med. **27**, 263 (1930).
116. — — Effect of urea upon activity of Bacteriophage. Proc. Soc. exper. Biol. a. Med. **30**, 1308 (1933).
117. — and G. M. Kalmanson: Further Studies of antigenic properties of bacteriophage. Proc. Soc. exper. Biol. a. Med. **43**, 16 (1940).
118. — and Ch. Korb: On the factors influencing the appearance of plaques of bacterial lysis. Proc. Soc. exper. Biol. a. Med. **21**, 315 (1924).

119. BRONFENBRENNER, J.: and CH. KORB: Is the bacteriophage of D'HERELLE volatile? Proc. Soc. exper. Biol. a. Med. **21**, 175 (1924).
120. — — Effect of alcohol on the so-called bactierophage of D'HERELLE. Proc. Soc. exper. Biol. a. Med. **21**, 177 (1924).
121. — — Studies on the bacteriophage of D'HERELLE. II. Effect of alcohol on the bacteriophage of D'HERELLE. J. of exper. Med. **12**, 419 (1925).
122. — — Studies on the bacteriophage of D'HERELLE. III. Some of the factors tedermining the number and size of plaques of bacterial lysis on agar. J. of exper. Med. **42**, 483 (1925).
123. — — Studies on the bacteriophage of D'HERELLE. IV. Concerning the oneness of the bacteriophage. J. of exper. Med. **42**, 821 (1925).
124. — — On variants of B. pestis caviae resistant to lysis by the bacteriophage. Proc. Soc. exper. Biol. a. Med. **23**, 3 (1925).
125. — — On the nature of inactivation of the bacteriophage by alcohol. Proc. Soc. exper. Biol. a. Med. **23**, 5 (1925).
126. — — Studies on the bacteriophage D'HERELLE. V. Effect of electrolytes on the rate of inactivation of bacteriophage by alcohol. J. of exper. Med. **43**, 71 (1926).
127. — and R. S. MUCKENFUSS: The lysis of dead bacteria by bacteriophage. Proc. Soc. exper. Biol. a. Med. **23**, 633 (1926).
128. — — Changes in viscosity during lysis of bacteria by bacteriophage. Proc. Soc. exper. Biol. a. Med. **23**, 635 (1926).
129. — — and CH. KORB: Studies on the bacteriophage of D'HERELLE. VI. On the virulence of the overgrowth in the lysed cultures of bacillus pestis caviae. J. of exper. Med. **44**, 607 (1926).
130. — — On the filtrability of bacteria. Proc. Soc. exper. Biol. a. Med. **24**, 371 (1927).
131. — — Further evidence of the resistance of bacteriophage to alcohol. Proc. Soc. exper. Biol. a. Med. **24**, 372 (1927).
132. — — Studies on the bacteriophage of D'HERELLE. VIII. The mechanism of Lysis of dead bacteria in the presence of bacteriophage. J. of exper. Med. **95**, 887 (1927).
133. BRUTSAERT, P.: Influence des électrolytes sur le phénomène de D'HERELLE. C. r. Soc. Biol. Paris **89**, 1175 (1923).
134. — Les bactériophages et les microbes dans le bouillon hypersalé. C. r. Soc. Biol. Paris **90**, 646 (1924).
135. — Le bactériophage dans les milieux gélatinés. C. r. Soc. Biol. Paris **90**, 1292 (1924).
136. BRUYNOGHE, R.: Au sujet de la guérison des germes devenus résistants au principe bactériophage. C. r. Soc. Biol. Paris **85**, 20 (1921).
137. — et A. DUBOIS: La parenté des microbes devenus resistants au bactériophage. C. r. Soc. Biol. Paris **96**, 209 (1927).
138. — — La précipitation spécifique des bactériophages. C. r. Soc. Biol. Paris **96**, 211 (1927).
139. — et J. MAISIN: Au sujet des microbes devenues résistants au principe bactériophage. C. r. Soc. Biol. Paris **84**, 847 (1921).
140. — — La phagocytose du bactériophage. C. r. Soc. Biol. Paris **86**, 292 (1922).
141. BUJANOWSKI, D.: Der Bakteriophage in den Abwässern. Arch. f. Hyg. **101**, 318—324 (1929).
142. — Der Bakteriophage im Wasser des Donflusses. Zbl. Bakter. I Orig. **110**, 120 (1929).
143. BURCKHARDT, K.: Die Durchlässigkeit der Blut-Liquorschranke und der Plazenta für Bakteriophagen. Arch. ges. Virusforsch. **1**, 140—154 (1939).
144. — Über das Verhalten intrazisternal injizierter Bakteriophagen. Arch. ges. Virusforsch. **1**, 247—251 (1939).
145. — Das Verhalten von Staphylokokken- und Subtilis-Bakteriophagen gegenüber der Blut-Liquor-Schranke. Arch. ges. Virusforsch. **1**, 387—393 (1940).
146. BÜRGERS, J.: Über Pleomorphie der Bakterien. Schr. Königsberg. gelehrte Ges., Naturwiss. Kl. **1934**, Heft 5, 87.
147. BURKY, EARL L.: The effect of normal and immune staphylococcus rabbit serums on the action of staphylococcus bacteriophage. J. of Immun. **24**, 513 (1933).
148. BURNET, F. M.: The relationship between heat-stable agglutinogens and sensitivity to bacteriophage in the Salmonella group. Brit. J. exper. Path. **8**, 121 (1927).
149. — "Smooth-rough" variation in bacteria in its relation to bacteriophage. J. of Path. **32**, 15 (1929).

150. BURNET, F. M.: Further observations on the nature of bacterial resistance to bacteriophage. J. of Path. **32**, 349 (1929).
151. — A method for the study of bacteriophage multiplication in broth. Brit. J. exper. Path. **10**, 109—115 (1929).
152. — Bacteriophage activity and the antigenic structure of bacteria. J. of Path. **33**, 647—664 (1930).
153. — and M. McKIE: Bacteriophage reaction of FLEXNER dysentery strains. J. of Path. **33**, 637—646 (1930).
154. — A specific soluble substance from bacteriophage. Brit. J. exper. Path. **14**, 93 (1933).
155. — Immunological studies with phage-coated bacteria. Brit. J. exper. Path. **14**, 93 (1933).
156. — Specific agglutination of bacteriophage particles. Brit. J. exper. Path. **14**, 302 (1933).
157. — Recent work on the biological nature of bacteriophages. Trans. roy. Soc. trop. Med. **26**, 409 (1933).
158. — The classification of dysentery-coli bacteriophages. II. The serological classicifation of coli dysentery phages. J. of Path. **36**, 307 (1933).
159. — The classification of dysentery-coli bacteriophages. III. A correlation of the serological classification with certain biochemical tests. J. of Path. **37**, 179 (1933).
160. — The phage-inactivating agent of bacterial extracts. J. of Path. **38**, 285 (1934).
161. — and M. McKIE: The classification of dysentery-coli bacteriophages. I. The differentiation by BAIL's method of phages lysing a typical coli strain. J. of Path. **36**, 299 (1933).
162. CALDWELL, J.: The activity of an anticolon bacteriophage in synthetic medium. J. inf. Dis. **39**, 122 (1926).
163. — Sewage filtrate as a source of bacteriophage. J. inf. Dis. **40**, 575 (1927).
164. CALLOW, B. R.: Further studies on staphylococcus bacteriophage. J. inf. Dis. **41**, 124 bis 136 (1927).
165. CAMPBELL-RENTON, MARGARET L.: Radiation of bacteriophage with ultraviolet light. J. of Path. **45**, 237—251 (1937).
166. CAPLAZI, A.: Die Destillation der übertragbaren Lysine (Bakteriophagen). Z. Hyg. **102**, 438 (1924).
167. CAUBLOT, P.: Bile et bactériophage. C. r. Soc. Biol. Paris **93**, 1583 (1925).
168. CIUCA, M.: Présence de principe lytique pour le bacille de SHIGA et le colibacille dans les selles des cholériques. C. r. Soc. Biol. Paris **88**, 143 (1923).
169. — Lyse transmissible en absence d'électrolytes libres. C. r. Soc. Biol. Paris **90**, 521 (1924).
170. CLARK, H.: On the titration of bacteriophage and the particular hypothesis. J. gen. Physiol. **11**, 71 (1927).
171. CLIFTON, C. E. and R. R. MADISON: Studies on the electrical charge of bacteriophage. J. Bacter. **22**, 255—260 (1931).
172. — E. MUELLER and W. ROGERS: Neutralization of the bacteriophage. J. of Immun. **29**, 377 (1935).
173. COLVIN, M. G.: Behavior of bacteriophage in body fluids and in exsudates. J. inf. Dis. **51**, 527 (1932).
174. CLIFTON, C. E. and T. G. LAWLER: Inactivation of Staphylococcus bacteriophage by toluidine blue. Proc. Soc. exper. Biol. a. Med. **27**, 1041 (1930).
175. CLAUBERG, K. W. u. K. MARKUSE: Über die Bakteriophagendiagnostik als Hilfsmittel für die Typendifferenzierung innerhalb der Ruhrbacillengruppe. Zbl. Bakter. I Orig. **124**, 29—32 (1931).
176. CLARK, P. and A. CLARK: A bacteriophage activ against a virulent haemolytic streptococcus. Proc. Soc. exper. Biol. a. Med. **24**, 635 (1927).
177. COLLWELL, CH. A.: Purified bacteriophage from lysogenic cultures. Proc. Soc. exper. Biol. a. Med. **36**, 100—103 (1937).
178. — Inactivation of bacteriophage by ethyl alcohol. Proc. Soc. exper. Biol. a. Med. **36**, 760, 761 (1937).
179. DA COSTA CRUZ, J.: Sur l'influence des électrolytes dans la lyse par le bactériophage. C. r. Soc. Biol. Paris **90**, 236 (1924).
180. — Influence de la concentration des bactéries sur la production du bactériophage. C. r. Soc. Biol. Paris **92**, 310 (1925).

181. Da Costa Cruz, J.: Action antilytique des sérums antibactériens dans la lyse par le bactériophage. C. r. Soc. Biol. Paris **93**, 875 (1925).
182. — Action du sérum anti-bactérien dans la lyse par le bactériophage. C. r. Soc. Biol. Paris **95**, 1457 (1926).
183. — La Lyse par le bactériophage observée au microscope. C. r. Soc. Biol. Paris **95**, 1501 (1926).
184. — Pouvoir lysogène spontané du bacillus coli de Lisbonne et Carrère. C. r. Soc. Biol. Paris **97**, 837 (1927).
185. Cowles, Ph.: The bactériophages of a sporeforming organism. J. Bacter. **20**, 15—23 (1930).
186. — A bacteriophage for B. anthracis. J. Bacter. **21**, 161 (1931).
187. — The recovery of bacteriophage from filtrates derived from heated spore-suspension J. Bacter. **22**, 119 (1931).
188. — A bacteriophage for Cl. tetani. J. Bacter. **27**, 163 (1934).
189. Crowe, H. and H. Coke: The growth-stimulating effect of bacteriophage. J. of Path. **47**, 157—160 (1938).
190. Davison, W.: Observations on the properties of bacteriolysants. J. Bacter. **7**, 475 (1922).
191. — Observations on the nature of bacteriolysants. J. Bacter. **7**, 491 (1922).
192. Debrè et Haguenau: Quelques particularités du «phénomène de d'Herelle». C. r. Soc. Biol. Paris **83**, 1368 (1920).
193. Diènert, F., P. Etrillard et M. Lambert: Sur la recherche du bactériophage dans les eaux. C. r. Acad. Sci. Paris **199**, 102 (1934).
194. Dimtza, A.: Keimarmut im Dünndarm und Bakteriophage. Schweiz. med. Wschr. **1926 II**, 1185.
195. — Über Veränderungen von Colistämmen durch Bakteriophagenwirkung „in vivo und in vitro". Zbl. Bakter. I Orig. **101**, 171 (1926).
196. Doerr, R.: Der quantitative Virusnachweis. Handbuch der Virusforschung, 2. Bd., S. 621. Wien: Springer 1939.
197. — u. W. Berger: Studien zum Bakteriophagenproblem. III. Mitt. Die antagonistische Wirkung von Gelatine und Agar. Z. Hyg. **97**, 422 (1923).
198. — u. W. Grüninger: Studien zum Bakteriophagenproblem. I. Mitt. Zeitliche und quantitative Beziehungen zwischen Bakterienvermehrung und Zunahme des lytischen Agens. Z. Hyg. **97**, 209 (1922).
199. — u. G. Rose: Die Thermoresistenz der übertragbaren Lysine (Bakteriophagen) Schweiz. med. Wschr. **1924 I**, 10.
200. — u. E. Zdansky: Studien zum Bakteriophagenproblem. V. Mitt. Quantitativer und qualitativer Nachweis der Lysine. Z. Hyg. **100**, 79 (1923).
201. den Dooren de Jong, L. E.: Studien über Bakteriophagie. I. Mitt. II. Mitt. Über Bac. megatherium und den darin anwesenden Phagen. Zbl. Bakter. I Orig. **120**, 15 (1931).
202. — Studien über die Bakteriophagie. III. Mitt. Über Bac. undulatus und den darin anwesenden Phagen. Zbl. Bakter., I. Orig. **122**, 277 (1931).
203. — Studien über die Bakteriophagie. IV. Mitt. Über Bac. mycoides und den darin anwesenden Phagen. V. Mitt. Über das ungleiche Verhalten von Phagen, die aus pasteurisierten Sporen und solchen, die mittels der üblichen Anreicherungsmethode gewonnen wurden. Zbl. Bakter. I Orig. **131**, 402 (1934).
204. — Studien über Bakteriophagie. VI. Mitt. Bakteriensporen und Phagenbildung. Zbl. Bakter. I Orig. **136**, 404 (1936).
205. Doubly, J. and J. Bronfenbrenner: Stimulation of bacterial metabolism by bacteriophage. Proc. Soc. exper. Biol. a. Med. **30**, 732 (1933).
206. Dreyer, G. and M. Campbell-Renton: The quantitative determination of bacteriophage activity and ist application to the study of the Twort-d'Herelle Phenomen. J. of Path. **36**, 399 (1933).
207. Dujarric de la Rivière, R.: Floculation et bactériophage de d'Herelle. C. r. Soc. Biol. Paris **93**, 498 (1925).
208. Dumas: Sur la présence du bactériophage dans l'Intestin sain, dans la terre et dans l'eau. C. r. Soc. Biol. Paris **83**, 1314 (1920).
209. Duran Reynals, F.: Bactériophage et microbes tués. C. r. Soc. Biol. Paris **94**, 242 (1926).

210. Eastwood, A.: Stimulants to bacterial variation. J. of Hyg. **23**, 317 (1924).
211. Eaton jr., M. D.: A quantitative study of the respiration of staphylococcus cultures lysed by bacteriophage. J. Bacter. **21**, 143 (1931).
212. Ebert, P. u. L. Peretz: Wirkung der Radiumemanation auf Bakterien, filtrierbares Virus der Peripneumonie und Bakteriophagen. Zbl. Bakter. I Orig. **121**, 258 (1931).
213. Elder, A. L. and F. W. Tanner: Action of a bacteriophage on a low temperatur bacterium. Proc. Soc. exper. Biol. a. Med. **24**, 645 (1927).
214. — — Action of bacteriophage on psychrophilic organisms. J. inf. Dis. **43**, 403—406 (1928).
215. Elford, W. and C. Andrewes: The sizes of different bacteriophages. Brit. J. exper. Path. **13**, 446 (1932).
216. Eliva, G.: Au sujet de l'adsorption du bactériophage par les leucocytes. C. r. Soc. Biol. Paris **105**, 829—831 (1930).
217. — et Pozerski: Sur les caractères nouveaux présentés par le bacille de Shiga ayant résisté à l'action du bactériophage de d'Herelle. C. r. Soc. Biol. Paris **84**, 708 (1921).
218. Enrico, C.: La riduzione del bleu di metilene in rapporto all'attività del batteriofago. Ann. d'Igiene **1928**, 34. Ref. Zbl. Bakter. **91**, 142 (1928).
219. Evans, A. C.: The potency of nascent streptococcus bacteriophage B. J. Bacter. **39**, 597—604 (1940).
220. Fabry, P. et J. van Beneden: A propos de l'obtention de l'autolyse transmissible par antagonisme. C. r. Soc. Biol. Paris **90**, 109 (1924).
221. — — Sérum antilytique et antisérum anti-antilytique. C. r. Soc. Biol. Paris **90**, 111 (1924).
222. Feemster, F. Roy and W. F. Wells: Experimental and statistical evidence of the particulate nature of the bacteriophage. J. of exper. Med. **58**, 385 (1933).
223. Fejgin, B.: Contribution à l'étude des races résistantes du bacille de Shiga-Kruse. C. r. Soc. Biol. Paris **89**, 1381 (1923).
224. — u. Th. Epstein: Über die Mutationsfähigkeit einiger Darmbakterien im Zusammenhang mit dem d'Herelleschen Phänomen. Krkh.forsch. **7**, 129—136 (1929).
225. — et J. Supniewski: Sur la nature du phénomène de d'Herelle. S. r. Soc. Biol. Paris **89**, 1385 (1923).
226. Ferretti, G.: Sul potere litico delle acque. Boll. Ist. sieroter. milan. **5**, 385 (1926). Ref. Zb . Bakter. **87**, 382 (1927).
227. Fisher, R. and E. B. McKinley: The resistance of different concentrations of a bacteriophage to ultraviolet rays. J. inf. Dis. **40**, 399 (1927).
228. Flu, P. C.: Die Natur des Bakteriophagen und die Bildung von Bakteriophagen in alten Bouillonkulturen pathogener Mikroorganismen. Zbl. Bakter. I Orig. **90**, 362 (1923).
229. — Das Verhalten eines inagglutinablen Flexner-Bacteriums gegenüber Antiflexnerbakteriophagen. Zb . Bakter. I Orig. **90**, 374 (1923).
230. — Der Bakteriophage und die Selbstreinigung des Wassers. Zb . Bakter. I Orig. **59**, 317 (1923).
231. — Über Cholerabakteriophagen. Arch. Schiffs- u. Tropenhyg. **29**, 99 (1925).
232. — Ist Bakteriophagie eine Funktion von Bakterien, die von der Temperatur abhängig ist? Zbl. Bakter. I Orig. **97**, 1 (1925).
233. — Komplementbindungsversuche mit Kaninchenserum gegenüber Bakteriophagen und Bakterienextrakten. Zbl. Bakter. I Orig. **97**, 224 (1926).
234. — Sur la nature du bactériophage. C. r. Soc. Biol. Paris **96**, 1148 (1927).
235. — Die Natur des Bakteriophagen. Zbl. Bakter. I Orig. **113**, 284 (1929).
236. — et E. Renaux: Le phénomène de Twort et la bactériophagie. Ann. Inst. Pasteur. **48**, 15 (1932).
237. — Étude sur le bactériophage du bactérium megatherium. Ann. Inst. Pasteur **60**, 610—633 (1938).
238. — Onderzoekingen over den Bacteriophag van bacterium megatherium. S. 69. Batavia 1938. Ref. Zbl. Bakter. **131**, 310 (1938).
239. — Recherches sur le titre lytique d'une globuline contenant des bactériophages après des préparations répétées à l'aide d'une solution à demi-saturation de sulfate d'ammonium. C. r. Soc. Biol. Paris **127**, 514 (1938).

240. FORTUNATO, L.: Il fenomeno litico del D'HERELLE in rapporto alla flora batteria delle acque di mare. Ann. d'Igiene **7**, 544—549 (1928).

241. FRÄNKEL, E.: Untersuchungen über die Natur des Bakteriophagen. Z. Immun.forsch. **71**, 278 (1931).

242. — u. E. SCHULTZ: Beiträge zur Frage des Bakteriophagen. Z. Immun.forsch. **51**, 382 (1927).

243. FRENDSLOWA, J. et Z. SZYGMANOWSKI: Variabilité des bactériophages. C. r. Soc. Biol. Paris **100**, 1158 (1929).

244. FRENKEL, G. M.: Der Bakteriophage zu Cl. sporogenes. J. of Mikrobiol. **7**, 181—188 (1940).

245. FRICKER, J. et J. LAURIN: Action du principe bactériophage sur le pouvoir indologène du colibacille. C. r. Soc. Biol. Paris **106**, 449 (1931).

246. FRISCH, A. and PH. LEVINE: Specificity of the multiplication of bacteriophage. J. of Immun. **30**, 89 (1936).

247. FROBISHER, M. jr.: On the action of bacteriophage in producing filtrable forms and mutations of bacteria. J. inf. Dis. **42**, 461—472 (1928).

248. FUKUDA, Y.: Über die Ausbildung bakteriophagenfester Bakterien. Z. Immun.forsch. **53**, 233 (1927).

249. — Versuch über die Möglichkeit der Bildung von Bakteriophagen in Bakterienkulturen. Z. Immun.forsch. **54**, 369 (1928).

250. — Quantitative Bestimmungen der Bakteriophagenvermehrung auf Agar. Zbl. Bakter. I Orig. **105**, 281 (1928).

251. FURSENKO, B., K. DMITRIEFF u. T. SCHOSTAK: Experimentelle Untersuchungen therapeutischer Eigenschaften des Bakteriophagen in bezug auf Infektionen, die bei Kücken durch Salmonella pullorum und gallinarum hervorgerufen werden. Wiss. Ann. Veterinärinst. Kiew **1**, 59—73 (1938). Ref. Zbl. Bakter. **139**, 471 (1941).

252. GATES, F.: Results of irradiating staphylococcus aureus bacteriophage with monochromatic ultraviolet light. J. of exper. Med. **60**, 179 (1934).

253. GERARDS, J. C.: Untersuchungen der phagozytierenden Kraft der Leukocyten unter dem Einfluß des Bakteriophagen. Zbl. Bakter. I Orig. **111**, 493—495 (1929).

254. GERBINO, R. e A. ALBINI: Sul fattore litico delle acque di una zona littoranea del porto di Palermo. Giorn. Batter. **24**, 299—311 (1940).

255. GERCKE: Untersuchungen über die Frage nach der Flüchtigkeit der bakteriophagen Lysine. Zbl. Bakter. I Orig. **94**, 387 (1925).

256. GERKES, W. M.: Der Sklerom-Bakteriophage. J. of Mikrobiol., Epidemiol. u. Immunobiol. 8, 56 (1940).

257. GERRETSEN, F., A. GRYNS, J. SACK u. N. SÖHNGEN: Das Vorkommen eines Bakteriophagen in den Wurzelknöllchen der Leguminosen. Zbl. Bakter. II Orig. **60**, 311 (1923).

258. GILDEMEISTER, E.: Über Variabilitätserscheinungen des Typhusbazillus, die bereits bei seiner Isolierung aus dem infizierten Organismus auftreten. Zbl. Bakter. I Orig. **78**, 209 (1916).

259. — Weitere Mitteilungen über Variabilitätserscheinungen bei Bakterien, die bereits bei ihrer Isolierung aus dem Organismus zu beobachten sind. Zbl. Bakter. I Orig. **79**, 49 (1917).

260. — Über das D'HERELLEsche Phänomen. Berl. klin. Wschr. **1921 II**, 1355.

261. — Weitere Untersuchungen über das D'HERELLEsche Phänomen. Zbl. Bakter. I Orig. **89**, 181 (1922).

263. — Weitere Untersuchungen über den D'HERELLEschen Bakteriophagen. Klin. Wschr. **1922 II**, 1859.

264. — u. I. AHLFELD: Beitrag zum Bakteriophagenproblem. Zbl. Bakter. I Orig. **147**, 417 (1941).

265. — u. K. HERZBERG: Über das D'HERELLEsche Phänomen. III. Mitt. Zbl. Bakter. I Orig. **91**, 13 (1923).

266. — — Zur Frage der Destillierbarkeit und Flüchtigkeit der D'HERELLE-Lysine. V. Mitt. Klin. Wschr. **1924 I**, 186.

267. — — Zur Frage der Destillierbarkeit und Flüchtigkeit der D'HERELLE-Lysine. Klin. Wschr. **1924 I**, 278.

268. — — Über das D'HERELLEsche Phänomen. Zbl. Bakter. I Ref. **77**, 188 (1924).

269. Gildemeister, E. u. K. Herzberg: Über das d'Herellesche Phänomen. IV. Mitt. Zbl. Bakter. I Orig. **91**, 228 (1924).
270. — — Zur Theorie der Bakteriophagen (d'Herelle-Lysine). VI. Mitt. Zbl. Bakter. I Orig. **93**, 402 (1924).
271. — — Über das d'Herellesche Phänomen. Berl. Ges. Mikrobiol., Sitzg 2. Juni 1924, Zbl. Bakter. I Ref. **77**, 188 (1924).
272. — — Bleibt die Phagenbildung bei strengstem Sauerstoffabschluß aus? Zbl. Bakter. I Orig. **131**, 255 (1934).
273. — u. H. Watanabe: Untersuchungen über das Vorkommen von Bakteriophagen in Oberflächengewässern. Zbl. Bakter. I Orig. **122**, 556 (1931).
274. Girard, P. et V. Sertic: Action de hauts champs centrifuges sur divers cellules bactériennes, sur différents bactériophages et la lysine diffusible d'un bactériophage. C. r. Biol. Soc. Paris **118**, 1286 (1935).
275. — Présence d'un bactériophage antipesteux chez la Xenopsylla cheopis au cours d'une petite épidémie de peste à Tananarive. C. r. Soc. Biol. Paris **120**, 33 (1935).
276. Giudice, A.: „Potero litico" e autodepurazione dell'acqua della Laguna Veneta. Igiene mod. **9**, 265—276 (1930). Ref. Zbl. Bakter. **102**, 44 (1931).
277. Gjørub, E.: Investigations into d'Herelles phenomenon. Kopenhagen: Arnold Busek 1925. Ref. Zbl. Bakter. **82**, 280 (1926).
278. Glaser, R. W.: Test of a theory on the origin of bacteriophage. Amer. J. Hyg. **27**, 311—315 (1938).
279. Gohs, W.: Die lytische Wirkung des Shiga-Bakteriophagen bei verschiedenen Konzentrationen. Wien. klin. Wschr. **1925 I**, 481.
280. — Eine neue Theorie der Bakteriophagenwirkung und ihre Beziehung zu Immunität, Anaphylaxie und Verdauung. I. Mitt. Z. Immun.forsch. **45**, 141 (1925).
281. — u. J. Jakobson: Über Bakteriophagie. Wien. Ges. Mikrobiol., Sitzg 22. Juni 1926.
282. — — Über die Lysoresistenz und Lysogenität der Sekundärkulturen beim d'Herelleschen Phänomen. Z. Immun.forsch. **49**, 17 (1926).
283. — Eine neue Methode des Nachweises des bakteriophagen Lysins. Z. Immun.forsch. **49**, 139 (1926).
284. — u. J. Jakobson: Über die Bindung des bakteriophagen Lysins durch die Bakterien. Z. Immun.forsch. **49**, 412 (1926).
285. — Eine neue Theorie der Bakteriophagenwirkung und ihre Beziehung zu Immunität, Anaphylaxie und Verdauung. V. Mitt. Z. Immun.forsch. **49**, 532 (1927).
286. Goldman, K. O.: Der Bakteriophag zu Bac. mesentericus und seine Eigenschaften. J. de Microbiol. **6**, 81—93 (1939). Ref. Zbl. Bakter. **139**, 27 (1941).
287. Goldsmith, N. B.: Differences in effect of phenyl mercuric chloride upon different races of bacteriophage and similarity of effect upon a phage and its homologus organism. J. Bacter. **30**, 237—242 (1935).
288. — Variations in the filtrability of different races of bacteriophage. J. Bacter. **33**, 495 bis 498 (1937).
289. Gough, W.: Nouvelle race de streptophage d'une eau d'égout. C. r. Soc. Biol. Paris **105**, 198—199 (1930).
290. — and F. Burnet: The chemical natur of the phage-inactivating agent in bacterial extracts. J. of Path. **38**, 301 (1934).
291. Gozóny, L. u. L. Surányi: Reduktionsversuche mit Bakteriophagen. Zbl. Bakter. I Orig. **95**, 353 (1925).
292. Grasset, E.: Recherches sur le passage du bactériophage à travers le placenta. C. r. Soc. Biol. Paris **96**, 839 (1927).
293. Gratia, A.: Influence de la réaction du milieu sur l'autolyse microbienne transmissible. C. r. Soc. Biol. Paris **84**, 275 (1921).
294. — De l'adaption héréditaire du colibacille à l'autolyse microbienne transmissible. C. r. Soc. Biol. Paris **84**, 750 (1921).
295. — Dissociation d'une souche de colibacille en deux types d'individus de propriétés et de virulence différentes. S. r. Soc. Biol. Paris **84**, 751 (1921).
296. — De la signification des „colonies de bactériophage" de d'Herelle. C. r. Soc. Biol. Paris **84**, 753 (1921).
297. — Studies on the d'Herelle phenomenon. J. of exper. Med. **34**, 115 (1921).

298. GRATIA, A.: The TWORT-D'HERELLE phenomenon. II. Lysis and microbic variation. J. of exper. Med. **35**, 287 (1922).
299. — La lyse transmissible du staphylocoque. C. r. Soc. Biol. Paris **86**, 276 (1922).
300. — Sur l'identité du Phénomène de TWORT et phénomène de D'HERELLE. C. r. Soc. Biol. Paris **105**, 219 (1930).
301. — Phénomène de TWORT et Bactériophage. Ann. Inst. Pasteur **46**, 1 (1931).
302. — Recherches sur l'origine du bactériophage du Staphylocoque. Ann. Inst. Pasteur. **46**, 622 (1931).
303. — Sur l'origine de bactériophage du staphylocoque. C. r. Soc. Biol. Paris **106**, 941 (1931).
304. — La centrifugation des bactériophages. C. r. Soc. Biol. Paris **117**, 1288 (1935).
305. — La libération du bactériophage contenu dans les bactéries dites „lysogèns". Ann. Inst. Pasteur **56**, 307 (1936).
306. — Des relations numériques entre bactéries lysogènes et particules de bactériophagie. C. r. Soc. Biol. Paris **122**, 812 (1936).
307. — Influence de divers facteurs sur la teneur en bactériophage libre des cultures de bac. megatherium lysogène. C. r. Soc. Biol. Paris **123**, 506 (1936).
308. — Dissociations du bactériophage du bac. megatherium lysogène 899 en deux variétés. C. r. Soc. Biol. Paris **123**, 1018 (1936).
309. — Le phénomène du halo et la synergie des bactériophages. C. r. Soc. Biol. Paris **126**, 418 (1937).
310. — De l'ultracentrifugation des bactériophages. C. r. Soc. Biol. Paris **126**, 421 (1937).
311. — La neutralisation des variétés T et C du bactériophage du B. megatherium lysogène 899 par le sérum anti-bactériophage homologue ou hétérologque. Absence de neutralisation par le sérum anti-megatherium avec ou sans alexine. C. r. Soc. Biol. Paris **124**, 577 (1937).
312. — Résistance des bactériophages à l'acidité. C. r. Soc. Biol. Paris **127**, 349 (1938).
313. — Fixation minime d'un bactériophage sur une souche sensible de B. Castellani, avec extension illimitée de taches de lyse et forte concentration de ce bactériophage. C. r. Soc. Biol. Paris **132**, 59 (1939).
314. — Action inhibitrice des électrolytes sur la fixation des bactériophages par les bactéries sensibles. C. r. Soc. Biol. Paris **132**, 62 (1939).
315. — Toxicité des ions alcalins (Na et K) à l'égard de certains bactériophages. C. r. Soc. Biol. Paris **135**, **443** (1940).
316. — Action antagoniste des ions alcalino-terreux Ca, Mg, Ba et Sr sur la toxicité des ions alcalins Na et K à l'égard de certains bactériophages. C. r. Soc. Biol. Paris **133**, 445 (1940).
317. — Recherches sur la concentration et purification des bactériophages. Arch. ges. Virusforsch. **2**, 325 (1942).
318. — et L. DE KRUIF: Au sujet de la titration du bactériophage. C. r. Soc. Biol. Paris **88**, 308 (1923).
319. — et P. MANIL: Ultracentrification et cristallisation d'une mélange des virus de la mosaique du tabac et de bactériophage. C. r. Soc. Biol. Paris **126**, 903 (1937).
320. — et W. MUSTAARS: L'action inhibitrice du sérum normal sur la lyse du staphylocoque doré par les bactériophages staphylocoques polyvalents. C. r. Soc. Biol. Paris **106**, 943 (1931).
321. — et B. RHODES: Action du principe lytique sur les émulsions de staphylocoques vivants et de staphylocoques tués. C. r. Soc. Biol. Paris **89**, 1171 (1923).
322. — — De l'action lytique des staphylocoques vivants sur les staphylocoques tués. C. r. Soc. Biol. Paris **90**, 640 (1924).
323. — et M. WELSCH: Tentative de libération du bactériophage lié aux corps microbiens. C. r. Soc. Biol. Paris **132**, 330—333 (1939).
324. GRIGORIEFF, A. et E. WOLLMAN: Sur le mode d'inactivation des bactériophages. C. r. Soc. Biol. Paris **96**, 1141 (1927).
325. GRIJNS, A.: Lysis of concentrated bacteria-emulsions by the bacteriophage. Zbl. Bakter. II Orig. **71**, 48 (1927).
326. GROAT, A. DE: The bacteriophage: a methode of isolation. J. of Immun. **14**, 175 (1927).
327. GRUMBACH, A.: Über Streptokokkenbakteriophagen und Dissoziationserscheinungen an Streptokokken. Zbl. Bakter. I Orig. **118**, 206—216 (1930).
328. — Beitrag zur Frage des Hämolyseeffektes. Zbl. Bakter. I Orig. **127**, 351 (1933).

329. GRUMBACH, A. u. A. DIMTZA: Die Bedeutung des Bakteriophagen für die bakteriologische Diagnostik. Z. Immun.forsch. **51**, 176 (1927).
330. GÜLLER, W.: Verhalten verschiedener Bakteriophagen gegenüber chemischer und physikalischer Einwirkungen. Z. Immun.forsch. **86**, 248 (1935).
331. LE GUYON, R. F.: Sur l'ultrafiltration du bactériophage. C. r. Soc. Biol. Paris **103**, 715—717 (1930).
332. GWATKIN, R.: Search of a brucella bacteriophage. J. inf. Dis. **48**, 404 (1931).
333. HADLEY, PH.: The variation in size of lytic areas and its significance. J. Bacter. **9**, 397 (1924).
334. — Proliferative reaction to stimuli by the lytic principle (bacteriophage) and its significance. J. inf. Dis. **37**, 35 (1925).
335. — The action of the lytic principle on capsulated bacteria. Proc. Soc. exper. Biol. a. Med. **23**, 109 (1925).
336. — and E. DABNEY: Study of alpha and beta units of an antiparatyphoid bacteriophage. Proc. Soc. exper. Biol. a. Med. **25**, 355—359 (1928).
337. — and J. KLIMMER: The "source" of the lytic principle. Proc. Soc. exper. Biol. a. Med. **25**, 34 (1927).
338. HAJÓS, K.: Untersuchungen über die Natur der bakteriolytischen Substanz. Z. Immun.-forsch. **37**, 147 (1923).
339. HALLAUER, C.: Die übertragbare Lyse als Funktion des bakteriellen Gasstoffwechsels. Zbl. Bakter. I Orig. **129**, 265 (1933).
340. — Die übertragbare Lyse als Funktion des bakteriellen Stoffwechsels. Zbl. Bakter. I Orig. **130**, 194—206 (1933).
341. — Lysinbildung durch Oxydation chemisch definierter Stoffe. Zbl. Bakter. I Orig. **130**, 206—213 (1933).
342. — Vergleichende Untersuchungen über das Verhalten von Bakterien und übertragbarem Lysin im Ultraviolettspektrum. Z. Hyg. **117**, 18 (1935).
343. HARRIS, W. H. and O. M. LARIMORE: Action of bacteriophage upon production of in vivo prepared toxic substance of bac. typhosus. Proc. Soc. exper. Biol. a. Med. **26**, 752—754 (1929).
344. HAUDUROY, P.: Sur la constitution du bactériophage de D'HERELLE. C. r. Soc. Biol. Paris **88**, 59 (1923).
345. — Action de la gélatine sur le phénomène de D'HERELLE. C. r. Soc. Biol. Paris **90**, 1463 (1924).
346. — Les cultures secondaires, après filtration, dans le phénomène de D'HERELLE. C. r. Soc. Biol. Paris **91**, 1325 (1924).
347. — Action de la bile sur le bactériophage et importance de cette action. Presse méd. **43**, 720 (1925).
348. — et A. GHALIB: Présence du bactériophage anti-pesteux à Paris. C. r. Soc. Biol. Paris **100**, 1085, 1086 (1929).
349. D'HERELLE, F.: Sur un microbe invisible antagoniste des bac. dysentériques. C. r. Acad. Sci. Paris **165**, 373 (1917).
350. — Technique de la recherche du microbe filtrant bactériophage. C. r. Soc. Biol. Paris **81**, 1160 (1918).
351. — Sur la culture du microbe bactériophage. C. r. Soc. Biol. Paris **83**, 52 (1920).
352. — Sur la résistance des bactéries à l'action du microbe bactériophage. C. r. Soc. Biol. Paris **83**, 97 (1920).
353. — Sur le microbe bactériophage. C. r. Soc. Biol. Paris **83**, 247 (1920).
354. — Le processus de défense contre les bacilles intestinaux et l'étiologie des maladies d'origine intestinale. C. r. Soc. Acad. Sci. Paris **170**, 72 (1920).
355. — Sur la nature du bactériophage. C. r. Soc. Biol. Paris **84**, 339 (1921).
356. — Phénomène coincidant avec l'acquisition de la résistance des bactéries à l'action du bactériophage. C. r. Soc. Biol. Paris **84**, 384 (1921).
357. — Rôle du bactériophage dans l'immunité. C. r. Soc. Biol. Paris **84**, 538 (1921).
358. — Sur l'historique du bactériophage. C. r. Soc. Biol. Paris **84**, 863 (1921).
359. — Sur la natur du bactériophage. C. r. Soc. Biol. Paris **84**, 908 (1921).
360. — Sur la présence du bactériophage dans les leucocytes. C. r. Soc. Biol. Paris **86**, 464 (1922).

361. D'HERELLE, E.: Sur la prétendue production d'un principe lytique sous l'influence d'un antagonisme microbien. C. r. Soc. Biol. Paris **86**, 663 (1922).
362. — The nature of bacteriophage. Brit. med. J. **2**, 289 (1922).
363. — Le bactériophage et son rôle dans l'immunité. 2. Aufl. Paris 1922.
364. — Action du fluorure de sodium sur le bactériophage. C. r. Soc. Biol. Paris 88, 407 (1923).
365. — Le bactériophage. Rev. Path. comp. et Hygién. **1923**, No 238.
366. — Die Natur des Bakteriophagen. Zbl. Bakter. I Orig. **96**, 385 (1925).
367. — The bacteriophage and ist behavior. Englische Übersetzung durch G. H. SMITH. Baltimore: Williams and Wilkins Co. 1926.
368. — Bactériophage et hyperaérobiose. Presse méd. **1927**, 263.
369. — Elimination du bactériophage dans les symbioses bactériophage. C. r. Soc. Biol. Paris **104**, 1254—1256 (1930).
370. — Le phénomène de TWORT et la bactériophagie. Ann. Inst. Pasteur **46**, 616 (1931); **47**, 241, 470 (1931).
371. — Le bactériophage dans ses relations avec l'immunité. Reale Acad. d'Italia **1934**, 12.
372. — and R. BEECROFT: Bacterial mutations. J. Labor. a. clin. Med. **17**, 667 (1932).
373. — et G. ELIAVA: Sur le sérum anti-bactériophage. C. r. Soc. Biol. Paris **84**, 719 (1921).
374. — et P. HAUDUROY: Sur les caractères des symbioses bactéries-bactériophage. Presse méd. **1925**, 1575.
375. — and T. RAKIETEN: Mutations as governing bacterial characters and serologic reactions. J. inf. Dis. **54**, 313 (1934).
376. — et V. SERTIC: Formation par adaption, de races de bactériophages thermorésistantes. C. r. Soc. Biol. Paris **104**, 1256—1258 (1930).
377. HETLER, D. and J. BRONFENBRENNER: Studies on the bacteriophage of D'HERELLE. J. of exper. Med. **98**, 269—275 (1928).
378. — — On the particulate size of bacteriophage. Proc. Soc. exper. Biol. a. Med. **26**, 644 (1929).
379. — — Detachment of bacteriophage from its carrier particles. J. gen. Physiol. **14**, 547 (1931).
380. — — Further studies on the mechanism of transmissible lysis of bacteria. Proc. Soc. exper. Biol. a. Med. **29**, 806 (1932).
381. HODER, F.: Über Zusammenhänge zwischen Bakteriophagen und Bakterienmutation. Z. Immunforsch. **42**, 197 (1925).
382. — Mutationserscheinungen durch Bakteriophagenwirkung. Z. Immun.forsch. **44**, 423 (1925).
383. — Versuche zur Gewinnung von Bakteriophagen aus Hühnereiern, Hühnerembryonen und jungen, künstlich aufgezogenen Hühnern. Z. Immun.forsch. **70**, 271 (1931).
384. — Über den Bakteriophagengehalt des Hühnerstuhls und den Einfluß der Verfütterung von Dysenteriebakterien auf die Entstehung von Bakteriophagen. Z. Immun.forsch. **73**, 137 (1931).
385. — Ein Agens, welches auf die Bakteriophagenvermehrung fördernd wirkt. Zbl. Bakter. I Orig. **120**, 162 (1931).
386. — Bakterienveränderung durch Bakteriophagen. Jena: Gustav Fischer 1932.
387. — Der Einfluß der Bakteriophagen auf die Phagocytierbarkeit von Bakterien. Z. Immun.forsch. **84**, 46 (1934).
388. — Bakteriophagen. Handbuch der Viruskrankheiten, Bd. 2, S. 686. Jena: Gustav Fischer 1939.
389. — u. R. AKANO: Untersuchungen über „Bakteriophagenträger" bei verschiedenen Bakterien. Z. Immun.forsch. **85**, 423 (1935).
390. — u. L. HELLER: Verwendung der Bakteriophagen für Diagnostik. Münch. med. Wschr. **1929**, 489.
391. — u. M. HREBELIANOVICH: Zur Frage der Bakteriophagenentstehung im tierischen Organismus. Z. Immun.forsch. **76**, 141—158 (1932).
392. — u. SH. INO: Über den Bakteriophagengehalt der Hühnerorgane und des Hühnerdarmtraktes. Z. Immun.forsch. **59**, 325 (1928).
393. — u. M. LAZAROVICH-HREBELIANOVICH: Zur Frage der Entstehung von Bakteriophagen im tierischen Organismus. Z. Hyg. **115**, 553 (1933).

394. HODER, F. u. K. SUZUKI: Über die Gewinnung von Bakteriophagen aus Pankreasextrakten. Zbl. Bakter. I Orig. **98, 433** (1926).
395. HÖGGER, D.: Versuche über Bakteriophagenvermehrung in Ultrafiltraten. Z. Hyg. **121**, 465—471 (1939).
396. HOROYA, S., K. NAGASE and T. YOSHIZUMI: The purification of bacteriophage. Jap. J. of exper. Med. **8**, 1 (1930).
397. — — — A method for the purification of bacteriophage. Jap. J. of exper. Med. **10**, 101 (1932).
398. HORST, A. K.: Untersuchungen über die antigenen Eigenschaften des D'HERELLEschen Bakteriophagen. Zbl. Bakter. I Orig. **111**, 1 (1929).
399. HORSTER, H.: Über den Einfluß niedriger Temperaturen auf die Wirksamkeit und die Zunahme des übertragbaren Lysins. Z. Hyg. **112**, 178—181 (1931).
400. IMBASCIATI, B.: Batteriofago e fattori ambientali in alcuni corsi d' acqua del littorale Tirreno. Igiene mod. **5**, 171—180 (1940). Ref. Zbl. Bakter. **139**, 27 (1941).
401. INO, SH.: Der Einfluß der Schnelligkeit der Bakteriophagenvermehrung auf die Entwicklung von Varianten. Zbl. Bakter. I Orig. **112**, 243—252 (1929).
402. — Beitrag zur Kenntnis des Antibakteriophagenserums. Zbl. Bakter. I Orig. **112**, 252 (1929).
403. JACOBSOHN, I.: Über Bakteriophagie. Sitzungsbericht. Ref. Zbl. Bakter. **85**, **47** (1927).
403. JACOBSOHN, I.: Über Bakteriophagie. Ref. Zbl. Bakter. **85**, 47 (1927).
404. JADIN, J.: L'action oligodynamique du cuivre sur le bactériophage antisubtilis. C. r. Soc. Biol. Paris **113**, 1938 (1933).
405. — Le pouvoir d'adaption d'un bactériophage à la chaleur. C. r. Soc. Biol. Paris **122**, 470 (1936).
406. JANZEN, J. W. u. S. K. WOLFF: Über den Typhusbakteriophag. Zbl. Bakter. I Orig. **90**, 6 (1923).
407. JENSEN, K. A.: Durch direkte mikroskopische Beobachtung ausgeführte Untersuchungen über das Wachstum des Colibacillus. Zbl. Bakter. I Orig. **107**, 1—34 (1928).
408. JERMOLJEWA, Z. W. u. E. I. BELJAEWA: Zur Frage über die Natur des Bakteriophagen. Inst. Mikrobiol. u. Epidemiol. Kiew **1939**, 285—291. Ref. Zbl. Bakter. **137**, 464 (1940).
409. — J. S. BUJANOWSKAJA u. W. A. SEVERIN: Über die Natur des Bakteriophagen. Z. Immun.forsch. **73**, 360 (1932).
410. JONESCO-MIHAIESTI, C.: Studies on the TWORT-D'HERELLE phenomenon. J. of exper. Med. **40**, **317** (1924).
411. KABELIK, J. u. K. KUKULA: Über Bakteriophagentaxis. Biol. Listy (tschech.) **11**, 81 (1925). Ref. Zbl. Bakter. **80**, **422** (1925/26).
412. KABÉSHIMA: Sur un ferment d'immunité bactériolysant, du mécanisme d'immunité infectieuse intestinale, de la nature du dit «microbe filtrant bactériophage» de D'HERELLE. C. r. Soc. Biol. Paris **83**, 219 (1920).
413. — Sur le ferment d'immunité bactériolysant. S. r. Soc. Biol. Paris **83**, 471 (1920).
414. KAGAN, B.: Die Wirkung des Bakteriophagen auf die Katalase der Bakterien. J. Mikrobiol. **6**, **39**—59 (1939). Ref. Zbl. Bakter. **139**, **31** (1941).
415. KALMANSON, G. and J. BRONFENBRENNER: Studies on the purification of bacteriophage. J. gen. Physiol. **23**, 203 (1939).
416. KANZLER, R.: Bakteriophagen und Bakterien im Duodenum beim Gesunden und Kranken. Klin. Wschr. **1932 I**, 807.
417. — Enthält menschliche Galle Phagen? Klin. Wschr. **1932 II**, 2030.
418. KASARNOWSKY, S.: Zur Frage des D'HERELLE-Phänomens. Z. Hyg. **105**, 504 (1926).
419. — u. R. TIOMKIN-SCHUKOFF: Über die antigenen Eigenschaften des bakteriophagen Lysins. Z. Hyg. **104**, 119 (1925).
420. KATZU, SH.: Antibakteriophage Wirkungen im Menschenserum. Dtsch. med. Wschr. **1925 II**, 1896.
421. — Versuche über die Festigung von Bakterien gegen Bakteriophagen. Z. Immun.forsch. **44**, 247 (1925).
422. KAUFFMANN, F.: Das D'HERELLEsche Lysin als reduktionssteigerndes Mittel. Z. Hyg. **105**, 594 (1926).
423. — Über die Beziehungen zwischen dem D'HERELLEschen Lysin, dem Antilysin und den „Autotoxinen". Z. Hyg. **106**, 308 (1926).

424. Kausche, G. A. u. E. Pfankuch: Isolierung und übermikroskopische Abbildung eines Bakteriophagen. Naturwiss. **28**, 46 (1940).
425. Keller, W.: Über Lysin und Trypsin. Z. Hyg. **103**, 177 (1924).
426. Kemp, T.: On the occurrence of "bacteriophages" in chicken embryos and some remarks on the transmissible autolysis of bacteria particularly with a view to its quantitative determination. Acta path. scand. (København.) **5**, 105 (1928).
427. Kendall, A. I. and Ch. A. Colwell: Genesis and reversion of a bacteriophage. J. inf. Dis. **61**, 303—310 (1937).
428. — — Observations on inactivation and reactivation of a bacteriophage. J. inf. Dis. **63**, 81—93 (1938).
429. — and A. Walker: Occurrence of bacteria in the filtrable state in active bacteriophage. J. inf. Dis. **53**, 355 (1933).
430. — — The effects of ozone upon certain bacteria and their respective phages. J. inf. Dis. **58**, 204 (1936).
431. Kendrick, P.: The antigenic properties of bacteriophage lysates of Salmonella suipestifer. Amer J. Hyg. **18**, 26 (1933).
432. Keogh, E. V., R. T. Simmons and G. Anderson: Type-specific bacteriophages for Corynebacterium diphtheriae. J. of Path. **46**, 565—570 (1938).
433. Kigasawa, T.: Bakteriophagenvermehrung bei höheren Temperaturen. Z. Hyg. **108**, 508—521 (1928).
434. — Versuche über die Veränderlichkeit der Bakteriophagenwirkung auf Agar. Z. Immun.forsch. **60**, 80 (1929).
435. Kimura, Sh.: Über Schleimbildung bei Bakterien unter dem Einflusse von Bakteriophagen. Z. Immun.forsch. **42**, 507 (1925).
436. — Versuche über die Bindung von Bakteriophagen an Bakterien. Z. Immun.-forsch. **45**, 339 (1925).
437. — Mitteilung über die Bindung von Bakteriophagen an Bakterien. Med. Klin. **1925 II**, 1695.
438. Klemparskaja, N. N.: Bakteriophag in Wässern Samarkands. J. Mikrobiol., Epidemiol. u. Immunobiol. Kiew **1939**, 83—86. Ref. Zbl. Bakter. **136**, 479 (1940).
439. Klieneberger, E.: Pankreas und bakteriophagische Wirkung nebst einem Anhang: eine optimale Methode der Bakteriophagengewinnung. Z. Immun.forsch. **56**, 32—48 (1928).
440. — Ein Stamm mit eigenartigen Abkömmlingen und der Zusammenhang des Auftretens solcher atypischer Abkömmlinge von Bakteriophagie und Lysogenität. Zbl. Bakter. I Orig. **112**, 354—368 (1929).
441. — Zur Bakterienhämolyse durch Bakteriophagen nach Sonnenschein. Zbl. Bakter. I Orig. **117**, 344 (1930).
442. — Der Einfluß verschiedener Salze auf die Wirksamkeit von Bakteriophagensuspensionen, auf ihre Filtrabilität und Adsorbierbarkeit. Zbl. Bakter. I Orig. **118**, 411 (1930).
443. Kligler, I. J. and L. Olitzki: Studies on protein - free suspensions of viruses. I. Brit. J. exper. Path. **12**, 172—177 (1931).
444. — — Studies on protein - free suspensions of viruses. II. Brit. J. exper. Path. **12**, 178 (1931).
445. — — Studies on protein - free suspension of viruses. III. Brit. J. exper. Path. **12**, 393—401 (1931).
446. — — Studies on protein - free suspensions of viruses. IV. Brit. J. exper. Path. **13**, 237 (1932).
447. — — Purification of phage by adsorption and elution. Proc. Soc. exper. Biol. a. Med. **30**, 1365 (1933).
448. — — Studies on protein - free suspensions of viruses. V. Brit. J. exper. Path. **15**, 14 (1934).
449. Knorr, M. u. H. Ruf: Bakterien und Bakteriophagen im Elektronenfeld. Arch. f. Hyg. **113**, 92 (1934).
450. — — Phagtrocknung und Phagauswertung. Zbl. Bakter. I Orig. **133**, 289 (1935).
451. Koch, K.: Untersuchungen über Bakteriophagenkataphorese. Zbl. Bakter. I Orig. **99**, 209 (1926).
452. Koch, M.: Die Kuhnschen Bakteriophagen. Bot. Arch. **19**, 275 (1927).

453. KOSER, ST. A.: Action of the bacteriophage on a thermophilic bacillus. Proc. Soc. exper. Biol. a. Med. **24**, 109 (1926).
454. — Transmissible lysis of a thermophilic organism. J. inf. Dis. **41**, 365—376 (1927).
455. KRÄMER, E.: Untersuchungen über Phagenbildung von Syphilisspirochäten. Zbl. Bakter. I Orig. **132**, 183 (1934).
456. KRUEGER, A. P.: The electrical charge of bacteriophage. J. of exper. Med. **50**, 739 (1929).
457. — A method for the quantitative determination of bacteriophage. J. gen. Physiol. **13**, 557 (1930).
458. — and D. M. BALDWIN: Production of phage in the absence of bacterial cells. Proc. Soc. exper. Biol. a. Med. **37**, 393—395 (1937).
459. — — The reversible inactivation of bacteriophage with safranine. J. inf. Dis. **57**, 207 (1935).
460. — and S. ELBERG: Reversible inactivation of bacteriophage by KCN. Proc. Soc. exper. Biol. a. Med. **31**, 483 (1934).
461. — T. MECRAKEN and E. J. SCRIBNER: Heat inactivation of intracellular phage precursor. Proc. Soc. exper. Biol. a. Med. **40**, 573—576 (1939).
462. — and J. H. MUNDELL: Reactivation of thermally inactivated bacteriophage. Proc. Soc. exper. Biol. a. Med. **34**, 410 (1936).
463. — — Effect of phage on electrokinetic potential of susceptible cells. Proc. Soc. exper. Biol. a. Med. **36**, 317—320 (1937).
464. — and H. PUCHEU: Thermal inhibition of phage production in mixture of phage and growing susceptible bacteria. Proc. Soc. exper. Biol. a. Med. **46**, 210 (1941).
465. — and E. J. SCRIBNER: Effect of p_H on heat inactivation of bacteriophage. Proc. Soc. exper. Biol. a. Med. **33**, 21 (1935).
466. — — Serial production of phage from intracellular phage precursor. Proc. Soc. exper. Biol. a. Med. **40**, 51—56 (1939).
467. — and H. T. TAMADA: Ultrafiltration studies on the bacteriophage. Proc. Soc. exper. Biol. a. Med. **26**, 530—533 (1929).
468. KUHN, PH.: Demonstration der Ergebnisse morphologischer Bakterienstudien und zum D'HERELLEschen Phänomen. Arch. Schiffs- u. Tropenhyg. **30**, 133 (1926).
469. — u. K. STERNBERG: Über Bakterien und Pettenkoferien. Zbl. Bacter. I Orig. **121**, 113 (1931).
470. KUTTNER, A.: Preliminary report on a typhoid bacteriophage. Proc. Soc. exper. Biol. a. Med. **18**, 158 (1920/21). Ref. Abstr. Bacter. **5**, 384 (1921).
471. LACASSAGNE, A. et A. PAULIN: Destruction du principe bactériolytique par les rayonnements corpusculaires du radon. C. r. Soc. Biol. Paris **93**, 1502 (1925).
472. — et E. WOLLMAN: Étude des bactériophages au moyen des rayons X mous. Ann. Inst. Pasteur **61**, 864 (1938).
473. — — Action comparée des rayons X sur les bactériophages dysentériques C 16 et S 13. S. r. Soc. Biol. Paris **131**, 857 (1939).
474. LARKUM, N. and M. SEMMES: Filtration of bacteriophage. J. Bacter. **19**, 213—222 (1930).
475. LAWRIK, M. A.: Zur Untersuchung der Natur des Bakteriophagen und des Mechanismus seiner Wirkung. Mikrobiol. J. **3**, 2 (1936). Ref. Zbl. Bakter. **127**, 334 (1937).
476. LECCISOTTI, G.: Il principo litico nei molluschi eduli. Ann. Igiene **47**, 281 (1937). Ref. Zbl. Bakter. **127**, 333 (1937).
477. LEDINGHAM, J.: Discussion on the nature of bacteriophage. Brit. med. J. **2** (1922).
478. — u. ARKWRIGHT: Bericht über den ersten internationalen Kongreß für Mikrobiologie in Paris. Wiener Ges. Mikrobiol. Sitzgsber. **1930**.
479. LEGROUX, R. et K. DJEMIL: Action du principe lytique sur les bactéries mortes. C. r. Soc. Biol. Paris **109**, 521 (1932).
480. — — Lyse bactérienne et formol; principe ana-bactériolytique. C. r. Soc. Biol. Paris **109**, 426 (1932).
481. LEITNER, N.: Über die künstliche Erzeugung von Bakteriophagen. Z. Immun.forsch. **57**, 50—85 (1928).
482. — Versuche über Bakteriophagenerzeugung und Darmbactericidie mittels einer isolierten Darmschlinge in vivo. Z. Immun.forsch. **58**, 360 (1928).
483. — Eine regelmäßige Variantenbildung durch Bakteriophagen und die Erklärung durch das Prinzip der Aussiebung (Selektion). Zbl. Bakter. I Orig. **116**, 442 (1930).

484. LEPPER, E. H.: On the mode of production of bacteriophage. Brit. J. exper. Path. **4**, 53 (1923).
485. — The rate and progress of bacteriophage action. Brit. J. exper. Path. **4**, 204 (1923).
486. — The reproduction of bacteriophage when the sensitive organism is grown in a synthetic medium. Brit. J. exper. Path. **5**, 40 (1924).
487. LEVADITI, C. et I. LOMINSKI: Ultravirus et fluorescence. Comportement à l'égard du rayonnement ultraviolet en milieu fluorescent (bactériophages). C. r. Soc. Biol. Paris **131**, 482 (1939).
488. — M. PAÏC, J. VOET et D. KRASSNOFF: Ultrafiltrabilité et dimensions probables des bactériophages. C. r. Soc. Biol. Paris **122**, 354 (1936).
489. — et J. VOET: Action du rayonnement de la lampe à mercure sur divers bactériophages. C. r. Soc. Biol. Paris **120**, 638 (1935).
490. — — Comportement du bactériophage et du virus herpétique à l'égard du rayonnement total de la lampe à mercure. C. r. Soc. Biol. Paris **120**, 385 (1935).
491. LEVIN, B. et J. LOMINSKI: Influence de la lécithine colloidale sur la phénomène de la lyse microbienne par le bactériophage. C. r. Acad. Sci. Paris **198**, 989 (1934).
492. — — Inhibition et affaiblissement de lyse microbienne transmissible en présence de diverses lécithines. Presse méd. **1934**, 484.
493. — — Cholestérine et pouvoir lytique du bactériophage. C. r. Soc. Biol. Paris **122**, 1063 (1936).
494. — — Sur le mécanisme de l'inhibition du bactériophage par la lécithine. C. r. Soc. Biol. Paris **122**, 1286 (1936).
495. LEVINE, P. and A. FRISCH: Specific inhibition of bacteriophage by bacterial extracts. Proc. Soc. exper. Biol. a. Med. **30**, 993 (1933).
496. — — Further observations on specific inhibition of bacteriophage action. Proc. Soc. exper. Biol. a. Med. **31**, 46 (1933).
497. — — On specific inhibition of bacteriophage action by bacterial extracts. J. of exper. Med. **59**, 213 (1934).
498. — — Note on absorption of phage by heat-killed bacilli. Proc. Soc. exper. Biol. a. Med. **32**, 339 (1934).
499. — — Polyvalency demonstrated by antiphages. Proc. Soc. exper. Biol. a. Med. **32**, 886 (1935).
500. — — and E. COHEN: On absorption of phage by bacilli. J. of Immun. **26**, 321 (1934).
501. LEWIS, J. and G. WORLEY: Bacteriophagie of bacillus mycoides with reference to effect on dissociation and transmission by spores. J. Bacter. **32**, 195 (1936).
502. LIBERMAN, L. A.: Der Bakteriophag zum sporentragenden gasbildenden Stäbchen Bac. saccharolyticus. Inst. Mikrobiol. und Epidemiol. Kiew **1939**, 443—457. Ref. Zbl. Bakter. **137**, 467 (1940).
503. LIDDO, S.: Il principio litico nella fauna dei paesi caldi. Giorn. Batter. 18, 835—841 (1937). Ref. Zbl. Bakter. **127**, 333 (1937).
504. LIN, F.: Photometric study of bacteriophage action. Proc. Soc. exper. Biol. a. Med. **32**, 488 (1934).
505. LINDEGREN, C. C.: The nature and origin of filtrable viruses. Considered in relation to the bacteriophage and in the light of the theory of the gene. J. Hered. **29**, 409—414 (1938).
506. LISBONNE, M., BOULET et L. CARRÈRE: Sur l'obtention du principe bactériophage au moyen d'exsudats leucocytaires in vitro. C. r. Soc. Biol. Paris **86**, 340 (1922).
507. — et L. CARRÈRE: Antagonisme microbien et lyse transmissible du Bacille de SHIGA. C. r. Soc. Biol. Paris **86**, 569 (1922).
508. LODENKÄMPER, H.: Entwicklung und heutiger Stand der Lehre von der Pleomorphie und Zyklogenie der Bakterien auf Grund des Literaturstudiums und eigener Untersuchungen. Schr. Königsberg. gelehrte Ges., Naturwiss. Kl. **1939**, Heft 3, 31.
509. VAN LOGHEM, J. en A. VEDDER: Een nieuw type of een door den bacteriophaag versterkte eigenschap? Nederl. Tijdschr. Hyg. **1930**, 251. Ref. Zbl. Bakter. **101**, 189 (1931).
510. — — Neuer Typus oder vom Bakteriophagen verstärkte Eigenschaft? Zbl. Bakter. I Orig. **116**, 185 (1930).

511. LOMINSKI, I.: Action à distance du bactériophage staphylococcique sur le staphylocoque. C. r. Acad. Sci. Paris **199**, 168 (1934).
512. — Sensibilité comparée des bactériophages et des bactéries homologues à l'oxydation. C. r. Soc. Biol. Paris **119**, 1090 (1935).
513. — Inactivation du bactériophage par oxydation. C. r. Soc. Biol. Paris **119**, 1345 (1935).
514. — Inactivation du bactériophage par l'acide ascorbique. C. r. Soc. Biol. Paris **122**, 766 (1936).
515. — Réapparition spontanée chez le bactériophage du titre lytique chez le bactériophage inactivé par chauffage. S. r. Soc. Biol. Paris **122**, 769 (1936).
516. — Provocation de la réapparition de l'activité bactériophage dans des souches bactériennes cryptolysogènes. C. r. Soc. Biol. Paris **129**, 264 (1938).
517. — Transmission de la résistance antibactériophage à des cultures des bactéries sensibles, par contact avec des phages atténués. C. r. Soc. Biol. Paris **127**, 962 (1938).
518. — Mutation d'un bactériophage survenue en filtrat stérile. C. r. Soc. Biol. Paris **130**, 144 (1939).
519. — Vieillissement des filtrats bactériophages. C. r. Soc. Biol. Paris **130**, 1086 (1939).
520. — et D. KRASSNOFF: Agglutination spontanée des corpuscules bactériophagiques. C. r. Soc. Biol. Paris **129**, 1081 (1938).
521. LUCCHINI, C. e L. VILLA: Batteriofago e tossine batteriche natura della terapia col batteriofago. Boll. Ist. sieroter. milan. **5**, 231 (1926). Ref. Zbl. Bakter. **86**, 479 (1927).
522. LURIA, S.: Sur l'unité lytique du bactériophage. C. r. Soc. Biol. Paris **130**, 904 (1939).
523. LWOFF, A.: Remarques sur une propriété commune aux gènes, aux principes lysogènes et aux virus des mosaiques. Ann. Inst. Pasteur **56**, 165 (1936).
524. MCKINLEY, EARL B.: The relation of digestive enzymes and ferments to the phenomenon of D'HERELLE. J. Bacter. **8**, 543 (1923).
525. — Sérum antilytique obtenu par immunisation contre une bactérie normale. C. r. Soc. Biol. Paris **93**, 1051 (1925).
526. — Transformation sous l'influence du principe lytique faible, de la spécificité antigènique d'une culture. C. r. Soc. Biol. Paris **93**, 1052 (1925).
527. — and J. CAMARA: Resistence of hemolytic staphylococci to bacteriophage lytic for nonhemolytic staphylococcus aureus. Proc. Soc. exper. Biol. a. Med. **27**, 846 (1930).
528. — and M. DOUGLAS: Adsorption of staphylococcus bacteriophage by serum globulins. Proc. Soc. exper. Biol. a. Med. **27**, 844 (1930).
529. — R. FISCHER and M. HOLDEN: Action of ultraviolet light upon bacteriophage and filterable viruses. Proc. Soc. exper. Biol. a. Med. **23**, 408 (1926).
530. — and M. HOLDEN: Filtration experiments with bacteriophage employing a physiological filter-pia, dura and arachnoid. Proc. Soc. exper. Biol. a. Med. **24**, 595 (1927).
531. MCNEAL, W. J., M. A. MCRAE and R. A. COLMERS: Further observations on bacteriophage action in the presence of blood. J. inf. Dis. **63**, 25—33 (1938).
532. MAISIN, J.: Au sujet de la nature du principe bactériophage. C. r. Soc. Biol. Paris **84**, 467 (1921).
533. — Adaption du bactériophage. C. r. Soc. Biol. Paris **84**, 468 (1921).
534. — Au sujet du principe bactériophage et des anticorps. C. r. Soc. Biol. Paris **84**, 755 (1921).
535. MAITLAND, H. B.: Experiments employing a quantitative method in a study of the D'HERELLE phenomenon. J. exper. Path. **3**, 173 (1922).
536. MAJER, G.: Bakteriophagen. Untersuchungen an Colibakterien der Kuh. Arch. f. Hyg. **98**, 199 (1927).
537. MAKASHVILI, E. et E. DJANAGOWA: Sur la signification de la présence, dans un organisme animal, d'un bactériophage donné. C. r. Soc. Biol. Paris **122**, 38 (1936).
538. MALLMANN, W.: Old stock cultures as a source of bacteriophage. J. Bacter. **10**, 59 (1925).
539. MANNINGER, R.: Beitrag zur Kenntnis der Bakteriophagie. Zbl. Bakter. I Orig. **99**, 203 (1926).
540. LE MAR, J. and J. MYERS: Studies on the nature of bacteriophage. J. inf. Dis. **57**, 1 (1935).
541. MARBAIS, S.: Le bactériophage et la chronaxie. Boll. Soc. Microsc., Sez. ital. **6**, 343 (1934).
542. MARCUSE, K.: Untersuchungen über das D'HERELLEsche Phänomen. I. Mitt. Z. Hyg. **101**, 375 (1924).

543. MARCUSE, K.: Untersuchungen über das D'HERELLEsche Phänomen. II. Mitt. Z. Hyg. **102**, 206 (1924).
544. — Untersuchungen über das D'HERELLEsche Phänomen. III. Mitt. Z. Hyg. **105**, 17 (1925).
545. — Untersuchungen über das D'HERELLEsche Phänomen. IV. Mitt. Z. Hyg. **108**, 308 (1928).
546. — Bakteriophagen und Agglutinine bei Hühnern. Zbl. Bakter. I Orig. **120**, 166 (1931).
547. — Zur Bakteriophagendiagnostik der E-Ruhr. Klin. Wschr. **1931 I**, 732.
548. — Über Phagendiagnostik innerhalb der Paratyphusgruppe. Zbl. Bakter. I Orig. **131**, 49 (1934).
549. — Über Typhusdiagnostik mit spezifischen Bakteriophagen. Zbl. Bakter. I Orig. **131**, 206 (1934).
550. MARMIER, L.: Nouvelle préparation par cataphorèse d'un bactériophage purifié. C. r. Soc. Biol. Paris **107**, 317 (1931).
551. MARSHALL, M. and F. PAINE: Survival of bactériophage. Proc. Soc. exper. Biol. a. Med. **28**, 606 (1931).
552. MASLAKOWETZ, P. u. S. KASARNOWSKY: Versuche zur Herstellung von Antigenen mittels bakteriophagen Lysins. Mikrobiologitschesky J. **3**, 101 (1926). Ref. Zbl. Bakter. **86**, 478 (1927).
553. MASSA, M.: Untersuchungen über die Spezifität der sog. Diagnostikbakteriophagen. Z. Immun.forsch. **70**, 525 (1931).
554. MATSUMOTO, T.: Über die Vielheit von Bakteriophagen. Wien. klin. Wschr. **1923 II**, 759.
555. — Versuche über die Vermehrung von Bakteriophagen. Zbl. Bakter. I Orig. **91**, 413 (1924).
556. — Über das Verhalten konzentrierter Bakteriophagen. Z. Immun.forsch. **40**, 214 (1924).
557. — Bestimmungsversuche von Bakteriophagen. Z. Immun. forsch. **41**, 1 (1924).
558. MAZÉ, P.: Le bactériophage des ferments lactiques normaux du lait. C. r. Soc. Biol. Paris **128**, 856 (1938).
559. MEISSNER, G.: Versuche über die Flüchtigkeit und Kochbeständigkeit des D'HERELLEschen Bakteriophagen. Zbl. Bakter. I Orig. **92**, 424 (1924).
560. — Die Bindungsverhältnisse zwischen Bakteriophagen und Bakterien. Zbl. Bakter. I Orig. **93**, 489 (1924).
561. MERLING-EISENBERG, K. B.: Microscopical observations on bacteriophage of Bact. coli. Brit. J. exper. Path. **19**, 338—342 (1938).
562. MEULI, H.: Studien zum Bakteriophagenproblem. II. Mitt. Z. Hyg. **99**, 46 (1923).
563. MEYER, K. u. T. TASLAKOWA: Über die Konstanz des Antigencharakters der Bakteriophagen. Z. Immun.forsch. **83**, 512 (1934).
564. — R. THOMPSON, D. KHORAZO and J. W. PALMER: Experiments on purification of bacteriophage, and e respiratory pigment in Escherichia coli communis. Proc. Soc. exper. Biol. a. Med. **33**, 129 (1935).
565. MIESSNER u. BAARS: Bakteriolysate und das Phänomen von D'HERELLE. Dtsch. tierärztl. Wschr. **1922 I**, 207.
566. MONTEIRO, J. L.: Sobre o phenomeno de TWORT-D'HERELLE. Presença do principio lytico nas culturas, em meio solido, do bacillus anthracis, C. pestis e C. dys. SHIGA-KRUSE. Bol. Soc. med. cir. S. Paulo **1922**, No 4. Ref. Zbl. Bakter. **77**, 128 (1924).
567. MORIN, H. et J. GUILLERM: Principe lytique anti-shiga de certaines eaux de Cochinchine. C. r. Soc. Biol. Paris **98**, 575—576 (1928).
568. MORIYAMA, H. and SH. OHASHI: Studies on Bakteriophage. I. Isolation of minute body forming protein carrying phage action. J. Shanghai Sci. Inst. **3**, 155—160 (1937).
569. — — Studies on bacteriophage. II. J. Shanghai Sci. Inst. **3**, 161—175 (1937).
570. — — Studies on the production of phage protein. J. Shanghai Sci. Inst. **3**, 329—340 (1938).
571. — — Some observations on phage. J. Shanghai Sci. Inst., **4**, 39—50 (1939).
572. — — Studies in the virulence of phage. J. Shanghai Sci. Inst. **4**, 51—61 (1939).
573. — — The inactivation of phage protein by neutralization of its acidified solution. Arch. ges. Virusforsch. **1**, 267—282 (1939).
574. — — The mode of action of formaldehyde upon phage proteid. Arch. ges. Virusforsch. **1**, 252—266 (1939).

575. MORIYAMA, H. and SH, OHASHI: The isolation of phage particles posessing an extremely high activity. Arch. ges. Virusforsch. **1**, 571—581 (1940).
576. — — The mode of actions of sublimate upon phage protein. Arch. ges. Virusforsch. **2**, 205—211 (1941).
577. — — Zum Wirkungsmodus des Antibakteriophagenserums und der Tanninsäure auf das Bakteriophagenprotein. Z. Immun.forsch. **99**, 282 (1941).
578. — — Über die Unregelmäßigkeit der Beziehung zwischen dem Grad der Phagen- oder Labinaktivierung der Konzentration des angewandten Inaktivators. Z. Immun.forsch. **99**, 349—363 (1941).
579. MUCKENFUSS, R. S.: Studies on the bacteriophage of D'HERELLE. XI. Mitt. J. of exper. Med. **98**, 709 (1928).
580. — and CH. KORBAK: Studies on the bacteriophage of D'HERELLE. X. Mitt. J. of exper. Med. **98**, 277—283 (1928).
581. MÜHLENS, K.: Beobachtungen über Bakteriophageneinwirkung bei aeroben Aktinomyceten. Zbl. Bakter. I Orig. **146**, 24—27 (1940).
582. MUNTER, H. u. K. RASCH: Über die Natur des bakteriophagen Lysins. Z. Hyg. **105**, 205 (1925).
583. MURUMATSU, K.: Über die physikalische und chemische Beschaffenheit der Bakteriophagen. Jap. J. of exper. Med. **9**, **333** (1931). Ref. Zbl. Bakter. **105**, 285 (1932).
584. — Über die physikalische und chemische Beschaffenheit der Bakteriophagen. Jap. J. of exper. Med. **10**, 257 (1932). Ref. Zbl. Bakter. **108**, 326 (1932/33).
585. — Über die physikalische und chemische Beschaffenheit der Bakteriophagen. Jap. J. of exper. Med. **12**, 271 (1934). Ref. Zbl. Bakter. **116**, 542 (1934).
586. MUTSAARS, W.: De l'action protectrice exercée par le sérum normal sur les staphylocoques dorés, contre la fixation du bactériophage. C. r. Soc. Biol. Paris **108**, 235 (1931).
587. — De l'action du sang normal sur la lyse transmissible des staphylocoques dorés. Ann. Inst. Pasteur **51**, 605 (1933).
588. — Recherches sur la fixation du principe lytique dit «bactériophage». Ann. Inst. Pasteur **52**, 118 (1934).
589. NAITO, R.: Zur Frage der Bakteriophagenentstehung im tierischen Organismus. Zbl. Bakter. I Orig. **138**, 34 (1936).
590. NAKAMURA, O.: Die Hemmung der Bakteriophagenwirkung durch Gelatine. Arch. f. Hyg. **92**, 61 (1923).
591. — Das Verhalten von Bakteriophagen in Gelatine. Wien. klin. Wschr. **1923 I**, 86.
592. NAKAMURA, K.: Über die Geschwindigkeit der bakteriophagen Lyse. Sci. Rep. Gov. Inst. inf. Dis. Tokyo **6**, 111 (1927). Ref. Zbl. Bakter. **93**, 479 (1929).
593. NAKASHIMA, T.: Beitrag zum Vorkommen und Verhalten des bakteriophagen Lysins in Abwässern. Zbl. Bakter. I Orig. **94**, 303 (1925).
594. NANAVUTTY, S. H.: The favourable influence of gelatin in the medium on the activity of a staphylococcus bacteriophage. Brit. J. exper. Path. **11**, 5—7 (1930).
595. — The role of oxygen in bacteriophagy. Brit. J. exper. Path. **11**, 7—10 (1930).
596. — The thermal death-rate of the bacteriophage. J. of Path. **33**, 203 (1930).
597. NARYSCHKINA, Z. P.: Das Spezifische bei Bakteriophagen und über ihr Vorkommen. Inst. Mikrobiol. u. Epidemiol. Kiew **1939**, 475—482. Ref. Zbl. Bakter. **137**, 467 (1940).
598. NATARAJAN, C. and R. HYDE: The behavior of certain filtrable viruses when subjected to cataphoresis. Amer. J. Hyg. **11**, 652 (1930).
599. NATTAN-LARRIER, L.: Bactériophage et perméabilité placentaire. C. r. Soc. Biol. Paris **106**, 794 (1931).
600. NECKER: De l'influence de la chaleur sur le principe bactériophage. C. r. Soc. Biol. Paris **86**, 736 (1922).
601. NELSON, A.: The effect of bacteriophage upon the phenomena of leukocytosis and phagocytosis. J. of Immun. **15**, 43—64 (1928).
602. NICK, J.: Über Bakteriophagenbefunde im Abwasser und Vorfluter. Zbl. Bakter. I Orig. **136**, 397 (1936).
603. NICOLLE, P.: Bactériophage staphylococcique TWORT. C. r. Soc. Biol. Paris **134**, 547 (1940).
604. — Valeur comparée de divers modes de titrage d'un bactériophage. C. r. Soc. Biol. Paris **135**, 548—550 (1941).

605. NORTHROP, J. H.: Concentration and partial purification of bacteriophage. Science (N. Y.) **84**, 90 (1936).
606. — Concentration and purification of bacteriophage. J. gen. Physiol. **21**, 335 (1938).
607. — Changes in protein-content in bacterial suspension during lysis and autolysis. Proc. Soc. exper. Biol. a. Med. **39**, 198—202 (1938).
608. NOWIKOWA, N. S.: Bakteriophagie bei der bakteriellen Blattfleckenkrankheit bei Machorkatabak. Inst. Mikrobiol. u. Epidemiol. Kiew **1939**, 415—421. Ref. Zbl. Bakter. **137**, 466 (1940).
609. NYBERG, C., A. AARNIO og M. NYBERG: Die Bedeutung der Bakteriophagen im Abwasser. Acta Soc. Medic. fenn. Duodecim **16**, H. 3 (1933).
610. — og W. FORSMAN: Kann die Bestimmung der Bakteriophagen in städtischen Abwässern eine hygienische Bedeutung haben? Acta path. scand. (København.) **16**, Suppl. (1933).
611. OELRICHS, L.: Über aktive und passive Immunisierung gegen Bakteriophagen. Z. Immun.forsch. **76**, 54 (1932).
612. OESTERLE, P.: Farbstoffschwund durch Phagwirkung. Z. Immun.forsch. **86**, 232 (1935).
613. — u. C. A. STAHL: Untersuchung über den Formwechsel und die Entwicklungsform des Bac. mycoides. Zbl. Bakter. II Orig. **79**, 1 (1929).
614. OGATA, N.: Zur Entstehung des Bakteriophagen in alten Kulturen. Zbl. Bakter. I Orig. **93**, 329 (1924).
615. — Über Adsorption des Bakteriophagen durch abgetötete lysinsensible und lysinresistente Bakterien. Z. Immun.forsch. **45**, 408 (1924).
616. — Über die Beeinflussung biologisch-chemischer Eigenschaften der Bakterien durch Bakteriophagen. Z. Immun.forsch. **45**, 465 (1925).
617. OHASHI, SH.: Seasonal change of the bacteriophage-occurence in feces of animals and flies. J. Shanghai Sci. Inst., Sect. IV **4**, 141—150 (1939).
618. — Further studies in the virulence of phage. J. Shanghai Sci. Inst., Sect. IV **4**, 151—164 (1939).
619. — Difference between the manifestations of phage effects on the surface of agar plate and in liquid medium. J. Shanghai Sci. Inst., Sect. IV **4**, 295 (1939).
620. — The origin of bacteriophage. I. Mitt. J. Shanghai Sci. Inst., Sect. IV **5**, 1—11 (1939).
621. — The origin of bacteriophage. II. Mitt. J. Shanghai Sci. Inst., Sect. IV **5**, 35—46 (1940).
622. — The origin of bacteriophage. III. Mitt. J. Shanghai Sci. Inst., Sect. IV **5**, 47—60 (1940).
623. — Über die Ausscheidung von Bakteriophagen mit dem Kot bei Hühnern im Winter. Zbl. Bakter. I Orig. **146**, 186—188 (1940).
624. OLITZKI, L.: Studies on Protein-free suspension of viruses. III. Mitt. Brit. J. exper. Path. **12**, 303 (1931).
625. OLSEN, C. u. Y. YASAKI: Die Flüchtigkeit des D'HERELLEschen übertragbaren lytischen Agens. Klin. Wschr. **1923 II**, 1879.
626. — — Das Verhalten des lytischen Agens D'HERELLES bei der Destillation und in Durchlüftungsverfahren. Z. Hyg. **102**, 540 (1924).
627. ORDELT, V.: Der Einfluß der Reaktion auf das Bakteriophagum intestinale und andere Versuche. Biol. Listy (tschech.) **10**, 157 (1924). Ref. Zbl. Bakter. **78**, 519 (1925).
628. ØRSKOW, J. and A. LARSEN: On bacterial variation. J. Bacter. **10**, 473 (1925).
629. OSUMI, S.: Serologische Studien mit einem Bakteriophagen. Z. Immun.forsch. **40**, 261 (1924).
630. OTTO, R.: Das sog. D'HERELLEsche Phänomen. Z. ärztl. Fortbildg **1923**, 253.
631. — u. H. MUNTER: Zum D'HERELLEschen Phänomen. Dtsch. med. Wschr. **1921 II**, 1579.
632. — — Das bacteriophage Lysin, seine Beziehungen zum Bakterium und zu dem Antilysin. Z. Hyg. **98**, 302 (1922).
633. — — Weitere Untersuchungen zum D'HERELLEschen Phänomen. Z. Hyg. **100**, 402 (1923).
634. — — Bakteriophagie. Handbuch der pathogenen Mikroorganismen, 3. Aufl., Bd. 1, S. 353. 1929 u. Erg. Hyg. **6**, 1 u. 592 (1923).
635. — — Bakteriophagie. Handbuch der Biochemie, Erg.-Werk I, Bd. 2, S. 1094. 1933.
636. — — u. W. WINKLER: Beiträge zum D'HERELLEschen Phänomen. Z. Hyg. **96**, 118 (1922).

637. OTTO, R. u. W. WINKLER: Über die Natur des D'HERELLEschen Bakteriophagen. Dtsch. med. Wschr. **1922 I**, 383.
638. PAIC, M., P. HABER, J. VOET et A. ELIASZ: Action biologique des ultrasons. C. r. Soc. Biol. Paris **119**, 1061 (1935).
639. — D. KRASSNOFF: Dimensions approximatives des ultravirus et des bactériophages d'après les données fournies par l'ultrafiltration. Ann. Inst. Pasteur **60**, 227—269 (1938).
640. PANAYOTON, A.: Sur l'action de certains sérums normaux contre la fixation du «bactériophage». Bull. Soc. Path. exot. Paris **25**, 397 (1932).
641. PARASCHIVESCO, N.: Action lytique des doses limites de bactériophages. C. r. Soc. Biol. Paris **126**, 104 (1937).
642. PERAGALLO, J.: Ricerche immunitarie sul batteriofago del bacillo tifose e dissenterico di SHIGA nello loro fasi R e S. Boll. Ist. sieroter. milan. **14**, 1018 (1935). Ref. Zbl. Bakter. **122**, 142 (1936).
643. PESCH, K. u. C. SONNENSCHEIN: Variabilität und Bakteriophagen bei Pyocyaneusbakterien. Klin. Wschr. **1925 II**, 1585.
644. — u. F. RAENTSCH: Die Bakteriophagentherapie. Erg. Hyg. **23**, 194 (1940).
645. PETRILLI, F. L.: Importanza della presenza del batteriofago per la depurazione del acque di mare con diverso grado di inquinamento. Igiene mod. **6**, 207—225 (1940).
646. PETROVANU, G.: Sur la présence du principe lytique dans l'exsudat amaygdalien de diverses angines. C. r. Soc. Biol. Paris **91**, 502 (1924).
647. — Recherches sur l'existence du principe lytique dans la péritonite cholérique expérimentale. C. r. Soc. Biol. Paris **91**, 735 (1924).
648. — Recherches sur la présence du principe lytique vis-à-vis du vibrion cholérique dans la paroi de l'intestin grêle. C. r. Soc. Biol. Paris **91**, 751 (1924).
649. — Sur le mode d'attaque du principe lytique coli Brx. Identité du phénomène de TWORT et du phénomène de la lyse transmissible. C. r. Soc. Biol. Paris **119**, 216 (1935).
650. PFALZ, G. J.: Über bakteriophage Wirkungen bei Meningokokken. Zbl. Bakter. I Orig. **101**, 209 (1926).
651. PEIMBFRTER, R., W. SELL u L. PISTORIUS, Übersetzung von: D'HERELLE: Der Bakteriophage und seine Bedeutung für die Immunität. Braunschweig: Vieweg & Sohn. 1922.
652. PICCALUGA, F. u. M. YEPES: Bemerkungen zum D'HERELLEschen Phänomen. Rev. méd. lat.-amer. **17**, 188 (1931).
653. PICO, E.: Action déchaînante de la pancréatine dans l'autolyse microbienne transmissible. C. r. Soc. Biol. Paris **91**, 31 (1924).
654. PIERRET, R. et V. BILOUET: Le bactériophage de D'HERELLE chez le nouveau-né. C. r. Soc. Biol. Paris **93**, 635 (1925).
655. PIRIE, A.: A chemical change occurring during the lysis of Bact. coli by bacteriophage. Brit. J. exper. Path. **20**, 99, 100 (1939).
656. PLANTUREUX, E.: Sur la nature des «bactériolytes» agents de la lyse transmissible. C. r. Soc. Biol. Paris **103**, 387—389 (1930).
657. — Bactériolytes et anticorps. C. r. Soc. Biol. Paris **103**, 389—391 (1930).
658. — Bactériolytes et anticorps. C. r. Soc. Biol. Paris **104**, 956, 958, 960 (1930).
659. — Sur la nature de la lyse transmissible des bactéries. C. r. Soc. Biol. Paris **190**, 224 (1930).
660. — Sur la nature de la lyse transmissible et de l'immunité humorale. Arch. Inst. Pasteur Algérie **9**, 113 (1931).
661. POKROWSKAJA, M.: Pestbakteriophagen in Kadavern der Zieselmäuse. Gyg. i. Epidem. **1929**, Nr. 12. Ref. Zbl. Bakter. **99**, 376 (1930).
662. POZERSKI, E.: Sur un milieu synthétique favorable au développement du principe batériophage. C. r. Soc. Biol. Paris **93**, 1285 (1925).
663. PRAUSNITZ, C.: Über die Natur des D'HERELLEschen Phänomens. Klin. Wschr. **1922 II**, 1639.
664. — Über die Natur des D'HERELLEschen Phänomens. Zbl. Bakter. I Orig. **89**, 187 (1923).
665. — Die Gründe für die belebte Natur des Bakteriophagen. Zbl. Bakter. I Orig. **106**, 300—313 (1928).
666. — u. E. FIRLE: Neuere Untersuchungen über das Wesen des Bakteriophagen. Zbl. Bakter. I Orig. **93**, 148 (1924).
667. PREISZ, H. v.: Die Bakteriophagie. Jena 1925.

668. PROCA, G.: Sur la résistance du principe lytique (bactériophage) au bichlorure de mercure. C. r. Soc. Biol. Paris **96**, 1244 (1927).
669. — Bactériolyse et „bactérioclasie" transmissible du Bac. coli. C. r. Soc. Biol. Paris **121**, 1215 (1936).
670. — Sur la modification lysogène des bactéries. C. r. Soc. Biol. Paris **124**, 981 (1937).
671. — Sur l'extraction des facteurs lysogènes au moyen du bichlorure de mercure. C. r. Soc. Biol. Paris **129**, 331 (1938).
672. — Sur l'extraction des facteurs lysogènes au moyen de la glycérine. C. r. Soc. Biol. Paris **133**, 295—298 (1940).
673. QUIROGA, R.: Bactériophage du Bac. pyocyanique. C. r. Soc. Biol. Paris 88, 363 (1923).
674. RACCHIUSA, S.: Il batteriofago in rapporto all'autosterilizzazione del terreno. Ann. d'Igiene **1923**, 396. Ref. Zbl. Bakter. **76**, 333 (1924).
675. RAKIETEN, M. L., A. H. EGGERT and T. L. RAKIETEN: Studies with bacteriophages active against mucoid strains of bacteria. J. Bacter. **40**, 529—545 (1940).
676. — and T. L. RAKIETEN: Relationships between staphylococci and bacilli belonging to the subtilis group as shown by bacteriophage absorption. J. Bacter. **34**, 285—300 (1937).
677. — — and S. DOFF: The absorption of staphylococcus bateriophages. J. Bacter. **32**, 505 (1936).
678. RAPPIN, G., L. SOUBRANE et L. SZEKELY: Recherches sur la résistance des équidés à l'infection bacillaire. C. r. Soc. Biol. Paris **99**, 1768 (1928).
679. REICHERT, F.: Untersuchungen über das D'HERELLEsche Phänomen. Zbl. Bakter. I Orig. **91**, 235 (1924).
680. REYNALS, F. D.: Recherches sur un staphylocoque résistant au bactériophage. Ann. Inst. Pasteur **28**, 695—711 (1928).
681. RITA, G.: Sul comportamento del batteriofago nelle acque del Tevere. Boll. Ist. sieroter. milan. **19**, 27—33 (1940). Ref. Zbl. Bakter. **138**, 256 (1940).
682. ROBIC, J.: Sur la recherche des bactériophages dans les eaux de Madagascar. Bull. Soc. Path. exot. Paris **30**, 325—327 (1937).
683. ROSENTHAL, P. L.: Analogies entre la sporogénie et la bacteriophagie. C. r. Soc. Biol. Paris **95**, 612 (1926).
684. — Contribution à l'étude des antiphages. C. r. Soc. Biol. Paris **99**, 1211—1213 (1928).
685. — Conservation du bactériophage à l'état sec. C. r. Soc. Biol. Paris **104**, 47—49 (1930).
686. ROUBAL, J.: Agglutination des Bakteriophagen durch spezifisches Serum. Prakt. lék. (tschech.) **1937**, 317. Ref. Zbl. Bakter. **128**, 143 (1938).
687. ROZGON, I. F.: Die Rolle des Bakteriophags bei den Veränderungen des Virus und der Vaccinen von Anthrax. Inst. Mikrobiol. Epidemiol. u. Kiew **1939**, 389—303. Ref. Zbl. Bakter. **137**, 466 (1940).
688. RUSS-MÜNZER, A. u. V. KINDERMANN: Zum Nachweis phageninfizierter Stämme. Zbl. Bakter. I Orig. **129**, 401 (1933).
689. RUTSCHKO, J.: Zur Frage der Veränderlichkeit der Dysenteriebazillen und ihrer ätiologischen Einheitlichkeit. Z. Immun.forsch. **74**, 500 (1932).
690. RUTSCHKO, G. O.: Bakteriophagie als Folge der Veränderung der intracellulären Prozesse in Bakterien und der Bakteriophag als deren enzymähnlicher Stoff. Mikrobiol. J. **3**, 2 (1936). Ref. Zbl. Bakter. **127**, 334 (1937).
691. RUTSCHKOWSKI, S. u. B. SCHEREMET: Über das Vorkommen von Dysenterie-Bakteriophagen in Stühlen bei epidemisch verschiedenen Bedingungen. Mikrobiol. J. **12**, Nr 2/3 (1931). Ref. Zbl. Bakter. **106**, 407 (1932).
692. SAGGESE, S.: Il batteriofago nelle acque meteoriche delle cisterne. Giorn. Batter. **26**, 159 (1941). Ref. Zbl. Bakter. **142**, 144 (1942).
693. SALDANHA, A.: Phénomène de D'HERELLE. C. r. Soc. Biol. Paris **86**, 623 (1922).
694. SALIMBENI: Sur la nature du bactériophage de D'HERELLE. C. r. Acad. Sci. Paris **171**, 1240 (1920).
695. SANDER, F.: Die atypischen Bakterienformen unter besonderer Berücksichtigung des Problems bakterieller Generationswechselvorgänge. Erg. Hyg. **21**, 338 (1938).
696. SANDERSON, E. S.: Bacteriophage test on the meconium of aborted fetuses. J. of exper. Med. **42**, 561 (1925).
697. SANGIORGI, G.: A propos du comportement des «principes lytiques» dans le liquide putride traité par les «boues activées». Boll. Soc. internat. microbiol. ital. 8, 35 (1936).

698. SANGIORGI, G. e G. VERCELLANA: Il „principo litico“ nelle acque di alcuni fiumi italiani. Ann. d'Igiene. **1926**, 425. Ref. Zbl. Bakter. **84**, 324 (1927).

699. SARTORIUS, F.: Die Bedeutung der Bakteriophagie für die Trennung und Verwandtschaftsbeziehungen der Pseudoruhrrassen. Z. Immun.forsch. **74**, 313 (1932).

700. — u. H. REPLOH: Zur Vereinfachung der Differentialdiagnostik der Pseudoruhrbazillen. Klin. Wschr. **1931 II**, 2216.

701. SAUER, L. and L. HAMBRECHT: Bacteriophage of bacillus pertussis. J. inf. Dis. **53**, 196 (1933).

702. SCALFI, A.: A propos de l'épuration du bactériophage par la cataphorèse. Boll. Soc. internat. microsec. ital. **7**, 159 (1935).

703. SCHEIDEGGER, E.: Studien zum Bakteriophagenproblem. IV. Mitt. Z. Hyg. **99**, 403 (1923).

704. SCHIOPPA, L.: Sull'azione del p_H dei liquidi Batteriofago sulla loro attività e conservazione, nei riguardi del potere litico. Giorn. Batter. **19**, 664—671 (1937). Ref. Zbl. Bakter. **130**, 487 (1938).

705. SCHLESINGER, M.: Über die Bindung des Bakteriophagen an homologe Bakterien I. Mitt. Z. Hyg. **114**, 136, 149 (1932).

706. — Die Bestimmung von Teilchengröße und spezifischem Gewicht durch Zentrifugiermethode. Z. Hyg. **114**, 161 (1932).

707. — Reindarstellung eines Bakteriophagen in mit freiem Auge sichtbaren Mengen. Biochem. Z. **264**, 6 (1933).

708. — Die direkte nephelometrische Erfassung hoher Bakteriophagenkonzentrationen in einem Medium mit geringer eigener Lichtstreuung. Z. Hyg. **114**, 746 (1933).

709. — Beobachtung und Zählung von Bakteriophagenteilchen im Dunkelfeld. — Die Form der Teilchen. Z. Hyg. **115**, 774 (1933).

710. — Die spezifische Agglutination von Bakteriophagenteilchen. Z. Hyg. **116**, 171 (1934).

711. — Zur Frage der chemischen Zusammensetzung des Bakteriophagen. Biochem. Z. **273**, 306 (1934).

712. SCHLOSSMANN, K.: Über das Vorkommen von Bakteriophagen im Wasser. Z. Hyg. **114**, 65 (1932).

713. SCHMIDT, A.: Gewinnung spezifisch eingestellter Diagnostikphagen durch Umzüchtung. Zbl. Bakter. I Orig. **123**, 202, 207 (1931).

714. SCHMIDT-LABAUME u. H. FONROBERT: Über Versuche zur Erzeugung von Bakteriophagen gegen Gonokokken. Zbl. Bakter. I Orig. **112**, 379—381 (1929).

715. SCHMIDT-LANGE, W. u. W. HEPP: Untersuchungen über Filtrierbarkeit an Bakteriophagen, Lyssavirus und Diphtheriebazillen. Arch. f. Hyg. **125**, 53 (1940).

716. SCHOLTENS, R. TH.: The resistence developed against bacteriophage. J. of Hyg. **36**, 452 (1936).

717. SCHÜLER, H.: Stoffwechsel- und Fermentuntersuchungen an Bakteriophagen. Biochem. Z. **276**, 254 (1935).

718. SCHULTZ, E. W.: Inactivation of Staphlyococcus bacteriophage by Trypsin. Proc. Soc. exper. Biol. a. Med. **25**, 280 (1928).

719. — and L. GEBHARDT: Nature of formalin inactivation of bacteriophage. Proc. Soc. exper. Biol. a. Med. **32**, 1111 (1935).

720. — and E. GREEN: An endeavor to adapt a trypsin susceptible bacteriophage to the action of trypsin. Proc. Soc. exper. Biol. a. Med. **26**, 97—100 (1928).

721. — — Inactivation of Staphylococcus bacteriophage by methylen blue. Proc. Soc. exper. Biol. a. Med. **26**, 100, 101 (1928).

722. — J. S. QUIGLEY and L. T. BULLOCK: Studies on the antegenic properties of the ultraviruses. J. of Immun. **17**, 245 (1929).

723. SCHUURMAN, C. I.: Der Bakteriophage ein lebender Organismus. Zbl. Bakter. I Orig. **95**, 97 (1925).

724. — Bakteriophagen im Tji-Liwung. Zbl. Bakter. I Orig. **132**, 321 (1934).

725. — De beteekenis der typhusbacteriophagen in een tropische rivier, de tjiliwoeng. Geneesk. Tijdschr. Nederl.-Indie **75**, 1540 (1935). Ref. Bakter. Zbl. **127**, 332 (1937).

726. — Die Bedeutung der Typhusphagen in einem tropischen Fluß, dem Tji-Liwung. Zbl. Bakter. I Orig. **136**, 129 (1936).

727. — Bakteriophagen produzieren lytische Fermente: Es sind selbständige Organismen. Zbl. Bakter. I Orig. **137**, 438—453 (1936).

728. Segre, S.: Il batteriofago quale coefficiente dell'autopurazione dei fiumi. Boll. Ist. sieroter. milan. **9**, 22 (1930). Ref. Zbl. Bakter. **99**, 379 (1930).
729. Seiffert, W.: Das d'Herellesche Phänomen als „Exogene Autolyse der Bakterien". Z. Hyg. **98**, 482 (1922).
730. — Ein Beitrag zur Variation der Bakterien und zum d'Herelleschen Phänomen. Zbl. Bakter. I Orig. **89**, 195 (1922).
731. — Neue Untersuchungen über den Charakter des d'Herelleschen Phänomens. Med. Klin. **1923 I**, 833.
732. — Der Charakter des d'Herelleschen Phänomens. Z. Immun.forsch. **38**, 292 (1923).
733. — Die Bewertung des d'Herelleschen Phänomens. Seuchenbekämpfg **1925**, 234.
734. — Das d'Herellesche Phänomen und der N-Stoffwechsel der Bakterien. Dtsch. med. Wschr. **1925 I**, 350.
735. — Der Ablauf des d'Herelleschen Phänomens im Rahmen des bakteriellen Verwendungsstoffwechsels. Zbl. Bakter. I Orig. **127**, 122 (1932).
736. Seiser, A.: Untersuchungen über das Phänomen von d'Herelle. Arch. f. Hyg. **92**, 189 (1923).
737. Sen, B. B.: Studies on meningococcus bacteriophage. Indian. J. med. Res. **26**, 335—344 (1938).
738. Sertic, V.: Untersuchungen über einen Lysinzonen bildenden Bakteriophagen. Zbl. Bakter. I Orig. **110**, 126 (1929).
739. — Origine de la Lysine d'une race du bactériophage. C. r. Soc. Biol. Paris **100**, 477—479 (1929).
740. — Procédé d'obtention de variantes du bactériophage adaptées à lyser des formes bactériennes secondaires. C. r. Soc. Biol. Paris **100**, 612—614 (1929).
741. — Contribution à l'étude des phénomènes de variation du bactériophage. C. r. Soc. Biol. Paris **100**, 614—616 (1929).
742. — Sur des races de bactériophages virulentes pour les streptocoques. C. r. Soc. Biol. Paris **102**, 982 (1929).
743. — Application de la méthode du purification des cultures mixtes de d'Herelle, à la recherche de nouvelles races de streptophages. C. r. Soc. Biol. Paris **105**, 534, 535 (1930).
744. — Sur l'action inhibitrice des cathions monovalents sur la multiplication d'une race de bactériophage. C. r. Soc. Biol. Paris **124**, 14 (1937).
745. — Sur la différence d'action des électrolytes sur le développement des diverses races de bactériophages. C. r. Soc. Biol. Paris **124**, 98 (1937).
746. — Sur l'inactivation des bactériophages par des bactéries. C. r. Soc. Biol. Paris **124**, 218 (1937).
747. — et N. Boulgakov: Lysine de bactériophages présentant différentes thermorésistances. C. r. Soc. Biol. Paris **108**, 948 (1931).
748. — — Sur une méthode d'evaluation de la virulence d' un bactériophage. C. r. Soc. Biol. Paris **111**, 564 (1932).
749. — — Sur des bactériophages hypervirulents, spécifiques pour B. typhi. C. r. Soc. Biol. Paris **111**, 605 (1932).
750. — — Sur les bactériophages virulents pour chromobact. violaceum. C. r. Soc. Biol. Paris **118**, 630 (1935).
751. — — Le groupement des bactériophages d'après leur type antigénique. C. r. Soc. Biol. Paris **119**, 983 (1935).
752. — — Le groupement des bactériophages suivant le type de résistance bacterienne. C. r. Soc. Biol. Paris **119**, 985 (1935).
753. — — Classification et identification des Typhi-Phages. C. r. Soc. Biol. Paris **119**, 1270 (1935).
754. — — Sur l'action bactéricide du bactériophage. C. r. Soc. Biol. Paris **123**, 778 (1936).
755. — — Bactériophages spécifique pour des variétés bactériennes flagellées. C. r. Soc. Biol. Paris **123**, 887 (1936).
756. — — Sur l'examen de la polyvalence des bactériophages et de leurs lysines diffusibles. C. r. Soc. Biol. Paris **132**, 442, 443 (1939).
757. — et W. Gough: Modification d'une race de bactériophage par adaptation sur les formes bactériennes secondaires. C. r. Soc. Biol. Paris **105**, 199—201 (1930).

758. SIERAKOWSKI, S. et F. ZUBLUDOWSKA: Le p_H limité des bactériophages. C. r. Soc. Biol. Paris **103**, 422 (1930).
759. — Über die Abhängigkeit der Bakteriophagenvermehrung von den Bakterien und Bakteriophagenmengen. Zbl. Bakter. I Orig. **138**, 139—153 (1937).
760. — et GAYER: Développement des bactériophages à certains p_H. C. r. Soc. Biol. Paris **113**, 1264 (1933).
761. SIEMENS, W. v.: Lebenserinnerungen, 1891.
762. SHOPE, R.: Bacteriophage isolated from the common house fly. J. of exper. Med. **45**, 1037 (1927).
763. SHWARTZMAN, G.: Studies on regeneration of bacteriophage. I. Mitt. J. of exper. Med. **42**, 507 (1925).
764. — La réduction du bleu de méthylène dans l'autolyse transmissible. C. r. Soc. Biol. Paris **95**, 368, 431 (1926).
765. — The rate of reduction of methylene blue by bac. coli in the course of the bacteriophage phenomenon. Zbl. Bakter. I Orig. **101**, 61 (1926).
766. — Studies on regeneration of bacteriophage. II. Mitt. J. of exper. Med. **43**, 743 (1926).
767. — Effect of bacteriophage upon the agglutination of hemolytic streptococci. Proc. Soc. exper. Biol. a. Med. **25**, 227 (1927).
768. — Studies on streptococcus bacteriophage. I. Mitt. J. of exper. Med. **46**, 497 (1927).
769. — Studies on streptococcus bacteriophage. II. Mitt. J. of exper. Med. **47**, 151 (1928).
770. SLAWIN, N.: Der Bakteriophage als Anzeichen von Wasserverunreinigungen. J. Epidemiol. i. Bakter. (russ.) **1933**, Nr 3/4. Ref. Zbl. Bakter. **114**, 41 (1934).
771. SMITH, G.: Bacteriophage and phagocytosis. J. of Immun. **15**, 125—140 (1928).
772. — and E. JORDAN: Bac. diphtherie in its relationship to bacteriophage. J. Bacter. **21**, 75 (1931).
773. SONNENSCHEIN, C.: Der Nachweis antibakteriophager Serumwirkung. Dtsch. med. Wschr. **1925 II**, 1434.
774. — Über Paratyphus-Bakteriophagen und Antiphagine. Zbl. Bakter. I Orig. **97**, 312 (1926).
775. — Bakteriendiagnose mit Bakteriophagen. Dtsch. med. Wschr. **1928 I**, 1034—1036.
776. — Der „Hämolyseeffékt" durch Bakteriophagen bei Bact. coli. Zbl. Bakter. **117**, 58 (1930).
777. — Auf Bac. rhamnosifermentans wirksame Bakteriophagen. Zbl. Bakter. I Orig. **123**, 398 (1931).
778. — Auf Leuchtvibrionen wirksame Bakteriophagen. Zbl. Bakter. I Orig. **126**, 297 (1932).
779. SPANEDDA, A.: Recherches sur le bactériophage anti-diphtherique. Boll. Soc. internat. microsc. ital. **7**, 394 (1935). Ref. Zbl. Bakter. **122**, 140 (1936).
780. SPANIR, F. L., E. J. TSCHERKOWA u. SCH. G. GERING: Über die Rolle nukleoklastischer Fermente bei dem Bakteriophagenphänomen. II. Mitt. J. Mikrobiol. **6**, Nr 69 (1940). Ref. Zbl. Bakter. **139**, 31 (1941).
781. — Über die Rolle nukleoklastischer Fermente bei dem Bakteriophagenphänomen. I. Mitt. J. Mikrobiol. **6**, 53—67 (1940). Ref. Zbl. Bakter. **139**, 31 (1941).
782. SPÄTH, W.: Die Flüchtigkeit des D'HERELLEschen Agens. Med. Klin. **1924 I**, 184.
783. SSERGIENKO, F.: Über die Ursache des Vorkommens des Bakteriophagen im Boden. Mikrobiol. J. **3**, 2 (1936). Ref. Zbl. Bakter. **127**, 333 (1937).
784. — Die Reaktion der spezifischen Bindung des Bakteriophagen als Kennzeichen seiner bakteriellen Herkunft. J. Mikrobiol. **5**, 3—13 (1938). Ref. Zbl. Bakter. **136**, 44 (1940).
785. — W. M. SCHULTZ u. A. L. NATOWITSCH: Der Bakteriophage zur Brucellenkultur. J. Mikrobiol. 7, 175—179 (1940). Ref. Zbl. Bakter. **140**, 334 (1941).
786. — Z. TSCHERNJAWSKAJA u. S. TOPOLIANSKAJA: Über die Natur des Bakteriophags und über den Mechanismus seiner Wirkung in vitro. J. Mikrobiol. **6**, Nr. 3, 3—37 (1939). Ref. Zbl. Bakter. **138**, 256 (1940).
787. — — — — Über die Grundlagen für die Methodik zur Herstellung von Bakteriophagenpräparaten. II. Mitt. J. Mikriobiol. **6**, Nr. 4, 25—51 (1940). Ref. Zbl. Bakter. **139**, 29 (1941).
788. STANDFUSS, R. u. E. LEBER: Zur Erkennung und Unterscheidung der Keime der Paratyphus-Enteritisgruppe. Berl. tierärztl. Wschr. **1928 I**, 533.
789. — u. G. BORMANN: Kurze Mitteilung über den Nachweis eines Coli-Bakteriophagen im Kote von Rindern. Z. Fleisch- u. Milchhyg. **46**, 153 (1936).

790. Stanley, W. M.: Biochemistry and biophysics of viruses. Handbuch der Virusforschung Wien: Springer 1938.
791. Stassano, H. et A. C. de Beaufort: Le principe lytique transmissible (bactériophage de d'Herelle) soumis au critérium de l'ultrafiltration ou filtration moléculaire. C. r. Soc. Biol. Paris **93**, 1378 (1925).
792. — — Action du citrate de soude sur le principe lytique transmissible. C. r. Soc. Biol. Paris **93**, 1380 (1925).
793. — — L'action de l'éther sur le principe lytique transmissible. C. r. Soc. Biol. Paris **93**, 1382 (1925).
794. Staudinger, H.: Über makromolekulare Chemie. Forschg. u. Fortschr. **16**, 397 (1940).
795. Sukneff, W., W. Milaschewskaja u. P. Modjaew: Einfluß des Bakteriophagen auf die Biologie der Mikroorganismen. I. u. II. Mitt. Sibir. med. Z. **1929**, Nr 6—7. Ref. Zbl. Bakter. **97**, 191 (1930).
796. — Wesen des d'Herelle-Phänomens und die Bestimmung der invisiblen Mikrobenformen mittels der Symbiosemethode. Inst. Mikrobiol. u. Epidemiol. Kiew **1939**, 311—322. Ref. Zbl. Bakter. **137**, 464 (1940).
797. Sumiyoshi, Y.: Bauchhöhlenexsudat und Bakteriophage. Z. Immun.forsch. **39**, 377 (1924).
798. Suranayi, L. u. E. Kramar: Über das Vorkommen des d'Herelleschen Bakteriophagen in Säuglingsstühlen. Mschr. Kinderheilk. **26**, 392 (1923).
799. — — Über das Vorkommen des d'Herelleschen Bakteriophagen in den Stühlen von Neugeborenen. Mschr. Kinderheilk. **28**, 330 (1924).
800. Suzuki, K.: Künstliche Infektion von Bakterien mit Bakteriophagen. Z. Immun.-forsch. **47**, 143 (1926).
801. Taddei, A.: Gli adattamenti del batteriofago. Boll. Ist. sieroter. milan. **11**, 661 (1932). Ref. Zbl. Bakter. **110**, 190 (1933).
802. Tang, F. F., W. J. Elford and I. A. Galloway: Centrifugation Studies. IV. Mitt. Brit. J. exper. Path. **18**, 269—275 (1937).
803. Taranik, J.: Hemolytic phage-bacterium conjugates. Proc. Soc. exper. Biol. a. Med. **34**, 615 (1936).
804. Tecce, R.: Sulla prensenza del batteriofago nelle acque di una zona litoranea die Napoli. Riforma med. **1938**, No 13. Ref. Zbl. Bakter. **133**, 237 (1939).
805. Tempé, G. et M. Uhlhorn: Action de l'éther et du chloroforme sur le bactériophage. C. r. Soc. Biol. Paris **109**, 657 (1932).
806. — — Lyse microbienne transmissible obtenue par l'action du sang de cobayes et de lapins normeaux sur les microbes. C. r. Soc. Biol. Paris **109**, 659 (1932).
807. Tetsuji, O.: Untersuchungen über die Beziehungen des d'Herelleschen Phänomens zum N-Stoffwechsel der Bakterien. Z. Immun.forsch. **42**, 161 (1925).
808. Teveli, Z.: Die bacilläre Diagnose des Typhus abdominalis mittels Bakteriophagen. J. Kinderheilk. **130**, 113 (1931).
809. Thomas, M.: Erzeugung von Bakteriophagen? Auftreten von Bakteriophagen in Gemischen von Bakterien und Pankreaspräparaten. Z. Immun.forsch. **63**, 521 (1929).
810. Tiffany, E. J. and M. L. Rakieten: The absorption of bacteriophage by sensitized enterococci. J. Bacter. **37**, 333—350 (1939).
811. Tiomkin-Schukoff, R. u. M. Rittner: Läßt sich das bakteriophage Lysin mit toten Bakterien fortführen? Zbl. Bakter. **103**, 327 (1927).
812. Todd, Ch.: On the electrical behavior of the bacteriophage. J. Brit. exper. Path. **8**, 369 (1927).
813. Toyoda, M.: Verwendung eines Dysenteriebakteriophagen in der bakteriologischen Diagnostik. Dtsch. med. Wschr. **1931 I**, 451.
814. Tschang Kouo-Ngen et J. Wagemans: Résistance des bactériophages à la chaleur. C. r. Soc. Biol. Paris 88, 303 (1923).
815. Twort, F. W.: An investigation on the nature of ultramicroscopie viruses. Lancet **1915 II**, 1241.
816. — A theoretical study of the nature of ultramicroscopic viruses. Vet. J. 78, 28, 324 (1922).
817. — The ultramicroscopic viruses. J. State Med. **31**, 351 (1923).
818. — The transmissible bacterial lysin and its action on dead bacteria. Lancet **1925 II**, 642.
819. — Der Filter passierende, übertragbare bakteriolytische Wirkstoff. Lancet **1930**, 1064.

820. Twort, F. W.: Les agents bactériolytique filtrables et transmissibles (bactériophage). Ann. Inst. Pasteur **47**, 459 (1931).
821. Umberto, R.: Recherches sur la présence du bactériophage dans les matières fécales des malades de diphtherie. Boll. Soc. internat. microsc. ital. **5**, 109 (1933). Ref. Zbl. Bakter. **112**, 52 (1934).
822. Ungar, J. u. R. Halmos: Über den Hämolyseeffect. Zbl. Bakter. I Orig. **124**, 550 (1932).
823. Urbain, A., P. Rosenthal et L. Chaillot: Obtention d'un bactériophage du streptocoque de la gourme des chevaux et de la mammite contagieuse de la vache. C. r. Soc. Biol. Paris **102**, 299 (1929).
824. Urech, E. et H. Pache: Contribution a l'étude des sérums anti-bactériophage. Schweiz. med. Wschr. **1926 I**, 275.
825. Vagedes, K. v. u. E. Gildemeister: Vergleichende Untersuchungen über den Nachweis von Bakteriophagen in Wasserproben. Zbl. Bakter. I Orig. **131**, 414 (1934).
826. Vallen, J.: Über Schädigung der Leukocyten beim d'Herelleschen Phänomen. Zbl. Bakter. I Orig. **91**, 424 (1924).
827. del Vecchio, G.: Ricerche sul principio litico nel terreno dei cimiteri. Igiene mod. **1935**, 69. Ref. Zbl. Bakter. **118**, 552 (1935).
828. Vedder, A.: Die Hitzeresistenz von getrockneten Bakteriophagen. Zbl. Bakter. I Orig. **125**, 111 (1932).
829. Verona, O.: Recherche d'un principe lysant dans les terres cultivées. Boll. Soc. internat. microsc. ital. **6**, 427 (1934).
830. Vierthaler, R. W.: Anpassung und Lebenserhaltung auf festen Nährböden am Beispiel der Kapselbakterien. Zbl. Bakter. I Orig. **139**, 1 (1937).
831. Vingerhoet, E.: Prufung gramfester Keim, insbesondere von Schweinerotlauf auf d'Herellesches Virus. Vet. med. Diss. Gießen 1922.
832. Violle, H.: Boues activées et principes bactériolytiques. C. r. Soc. Biol. Paris **108**, 89 (1931).
833. Voet, J.: Extraction du bactériophage coli (S) par l'éther. C. r. Soc. Biol. Paris **122**, 1248 (1936).
834. Wagemans, J.: La neutralisation des bactériophages. C. r. Soc. Biol. Paris **88**, 304 (1923).
835. Wagon, P.: Sur une forme spéciale de plage claire d'un staphy-bactériophage, cultivé sur gélose. C. r. Soc. Biol. Paris **99**, 706 (1928).
936. Wahl, R.: Lyse bactériophagique en milieu synthétique dépourvu de calcium. C. r. Soc. Biol. Paris **128**, 382 (1938).
837. — Action du sublimé sur le bactériophage; conditions d'inactivation et de réactivation. C. r. Soc. Biol. Paris **131**, 234 (1939).
838. — Action du formol sur le bactériophage. C. r. Soc. Biol. Paris **131**, 237 (1939).
839. — et S. Lewi: Pouvoir antigénique bactériophage du B. subtilis fixé sur l'hydroxyd d'aluminium. C. r. Soc. Biol. Paris **131**, 211 (1939).
840. — — Étude de l'adsorption du bactériophage (du B. subtilis) sur l'hydrate d'alumine. C. r. Soc. Biol. Paris **131**, 591 (1939).
841. — — Étude comparée du pouvoir antigénique du bactériophage libre et fixé sur alumine, en injection unique. C. r. Soc. Biol. Paris **131**, 749 (1939).
842. Walker, A.: Comparison of precipitating action of basic dyes on bacteriophage and bacterial enzymes. Proc. S oc. exper. Biol. a. Med. **34**, 726 (1936).
843. Walthard, B.: Die Beeinflussung des Bakterienstoffwechsels durch den Bakteriophagen. Z. Hyg. **113**, 160 (1931).
844. Wartiovaara, T. W.: Über die Entwicklung der Bakteriophagenresistenz bei Salmonella Breslau. Zbl. Bakter. I Orig. **144**, 512—527 (1939).
845. Watanabe, T.: Über die Wirkung von Staphylokokkenbakteriophagen. Wien. klin. Wschr. **1922 I**, 603.
846. — Serologische Untersuchungen an Shiga-Bakteriophagen. Z. Immun.forsch. **37**, 106 (1923).
847. — Desinfektionsversuche mit Bakteriophagen. Arch. f. Hyg. **92**, 1 (1923).
848. Weinberg, M. et P. Aznar: Autobactériolysines et le phénomène de d'Herelle. C. r. Soc. Biol. Paris **86**, 833 (1922).
849. Weiss, A.: A study of antigenic properties of bacteriophage. J. inf. Dis. **34**, 317 (1924).
850. Wells, A. and N. Sherwood: Selective action of crystal violet and of brilliant green on bacteriophages. J. inf. Dis. **52**, 209 (1933).

851. WELLS, A. and N. SHERWOOD: Selective action of dyes and other disinfectants on bacteriophag. J. inf. Dis. **55**, 195 (1934).
852. WERTHEMANN, A.: Das Verhalten der übertragbaren Lysine („Bakteriophagen") in der Zirkulation von Kalt- und Warmblütern. Arch. f. Hyg. **91**, 255 (1922).
853. WIEBOLS, G. L. W. and K. T. WIERINGA: Bacteriophagie een algemeen vorkomend Verschijnsel. Fongs Landbrouw Export Bur. Nr 16, 1916 (1936). Ref. Zbl. Bakter. **126**, 140 (1937).
854. WILLIAMS, C. H., L. A. SANHOLZER and G. P. BERRY: The inibition of bacteriophagy by cholesterol and by bacterial and nonbacterial phospholipids. J. Bacter. **40**, 517—527 (1940).
855. WOHLFEIL, TR.: Experimentelle Beiträge zur Theorie der bakteriophagen Lyse. Z. Hyg. **108**, 733 (1928).
856. WOLFF, L.: Bakteriophagiestudien. Über Bakteriophagiewirkung durch Trypsin. Z. Immun.forsch. **45**, 507, 511 (1926).
857. — et J. W. JANZEN: Sur la virulence multiple du bactériophage. Ann. Inst. Pasteur **37**, 1064 (1923).
858. WOLLMAN, E.: Sur le phénomène de D'HERELLE. C. r. Soc. Biol. Paris **84**, **3** (1921).
859. — Recherches sur le phénomène de D'HERELLE. C. r. Soc. Biol. Paris **90**, 59 (1924).
860. — Recherches sur la bactériophagie (phénomène de TWORT-D'HERELLE). Ann. Inst. Pasteur **39**, 789 (1925).
861. — Recherches sur la bactériophagie (phénomène de TWORT-D'HERELLE). Ann. Inst. Pasteur **41**, 883 (1927).
862. — Ultrafiltration du bactériophage et des protéines sériques. C. r. Soc. Biol. Paris **96**, 15 (1927).
863. — et A. LACASSAGNE: Evaluation de la taille rélative des bactériophages par leur radiosensibilité. C. r. Soc. Biol. Paris **131**, 959 (1939).
864. — — Recherches sur le phénomène de TWORT-D'HERELLE. Ann. Inst. Pasteur, **64**, 5—39 (1940).
865. — Fixité et variabilité de caractères chez les bactériophages. C. r. Soc. Biol. Paris **96**, 332 (1927).
866. — u. E. WOLLMAN, Mme.: Action des acides sur les bactériophages. C. r. Soc. Biol. Paris **99**, 1703 (1928).
867. — — Bactériophagie spontanée et dissociation du bacillus subtilis. C. r. Soc. Biol. Paris **105**, 248 (1930).
868. — — Action oligodynamique de l'argent sur les bactéries et les bactériophages. C. r. Soc. Biol. Paris **108**, 111 (1931).
869. — — Recherches sur le phénomène de TWORT-D'HERELLE (bactériophagie). Ann. Inst. Pasteur **49**, 41 (1932).
870. — — Recherches sur la nature chimique des bactériophages. C. r. Soc. Biol. Paris **110**, 626 (1932).
871. — — Mise en liberté des bactériophages d'une souche spontanément lysogène par l'action du lysozyme. C. r. Soc. Biol. Paris **119**, 47 (1935).
872. — — Régénération des bactériophages chez le B. megatherium lysogène. C. r. Soc. Biol. Paris **122**, 190 (1936).
873. — — Conservation de la fonction lysogène chez Bac. megatherium cultivé en présence de sérum antibactériophage. C. r. Soc. Biol. Paris **122**, 871 (1936).
874. — — Comportement du B. megatherium lysogène et de son bactériophage, en milieu décalcifié. C. r. Soc. Biol. Paris **121**, 302 (1936).
875. — — Recherches sur le phénomène de TWORT-D'HERELLE. Ann. Inst. Pasteur. **56**, 137 (1936).
876. — — Les „phases" des bactériophages (facteurs lysogènes). C. r. Soc. Biol. Paris **124**, 931 (1937).
877. — — Recherches sur le phénomène de TWORT-H'ERELLE. Ann. Inst. Pasteur **60**, 13—57 (1938).
878. — — Sur une variation physiologique des bactériophages. Ann. Inst. Pasteur **61**, 862 (1938).
879. — — Production expérimentale de souches de bactériophages déterminant la lyse en absence de calcium soluble. C. r. Soc. Biol. Paris **128**, 379 (1938).
880. — — Les „phases" de la fonction lysogène. C. r. Soc. Biol. Paris **131**, 442 (1939).

881. WOLLMAN, E. u. E. WOLLMAN, Mme.: Inactivation des bactériophages par les bactéries mortes. C. r. Soc. Biol. Paris **133**, 256—258 (1940).

882. WRIGHT, E. V. and H. KERSTEN: The effect of soft x-ray irradiation on bacteriophages. J. Bacter. **34**, 639—644 (1937).

883. WYCKOFF, R. W. G.: An ultracentifugal analysis of concentrated staphylococcus-bacteriophage praeparations. J. gen. Physiol. **21**, 367 (1938).

884. WYSS-CHODAT, F. et F. CHODAT: Les deshydrogénases au cours de la lyse du B. coli. C. r. Soc. Biol. Paris **116**, 14 (1934).

885. YAOI, H. and K. SATO: On the size of typhoid and dysenteric bacteriophages estimated by the Gradocol Membrane of ELFORD. Jap. J. of exper. Med. **13**, 565 (1935). Ref. Zbl. Bakter. **121**, 237 (1936).

886. YASAKI, YOSHIO: Die Abhängigkeit der Eigenschaften des lytischen Agens D'HERELLES von der Verdünnung und vom Medium. Z. Hyg. **102**, 554 (1924).

887 YOSHIZUMI, T.: Studies on the generation of bacteriophage, especially paratyphosus A phage. Jap. J. of exper. Med. **9**, **343** (1931). Ref. Zbl. Bakter. **105**, 287 (1932).

888. — Criticism on the specifity of bacteriophage. Jap. J. of exper. Med. **9**, 359 (1932). Ref. Zbl. Bakter. **105**, 287 (1932).

889. — K. NAGASE and S. HOSOYA: Studies on the antigenic properties of purified bacteriophage proved to be negative by the proteic reaction, especially the biuret and the ninhydin reactions. Jap. J. of exper. Med. **8**, 215—225 (1930).

890. — — — Reports on the so-called «Anaphage» and its antigenic qualities. Jap. J. of exper. Med. **8**, 633 (1930). Ref. Zbl. Bakter. **102**, 47 (1931).

891. ZAYTZEFF-JERN, H. and F. L. MELENEY: Effect on bacteriophage of prontylin, prontosil, sulfapyridine and other antiseptics and dyes used in surgical practice. J. Labor. a. clin. Med. **24**, 1017 (1939).

892. — — Studies in bacteriophage. III. Mitt. J. Labor. a. clin. Med. **22**, 284—290 (1936).

893. ZDANSKY, E.: Über die Bedeutung der Salze für übertragbare Lysine (Bakteriophagen). Wien. klin. Wschr. **1924 I**, 141.

894. — Gewinnung von übertragbaren Lysinen (Bakteriophagen) für therapeutische Zwecke. Wien. klin. Wschr. **1924 I**, 500.

895. — Kritische und experimentelle Beiträge zur Frage der Wirkungsmöglichkeit der Bakteriophagen im Warmblüterorganismus und in der freien Natur. Z. Hyg. **103**, 164 (1924).

896. ZOELLER, CH. et MANOUSSAKIS: Étude sur le bactériophage en sacs de collodion. Presse méd. **1925**, 1481.

Nachtrag.

897. ATTIMONELLI, R.: Il „Principio litico“ nell'acqua di lavaggio degli stracci. Ann. Igiene **51**, 761 (1941).

898. BERNOULLI, R.: Ein Beitrag zur Filtration von Bakteriophagen durch SEITZ-Filter. Arch. Virusforsch. **2**, 533 (1943).

899. COCIOBA, J.: Présence du bactériophage dans les eaux. Son importance épidémiologique Arch. roum. Path. expér. **11**, 437 (1941).

900. EMORY, L. ELLIS and L. SPIZIZEN: Das Ausmaß der Bakteriophagen-Inaktivierung durch Filtrate von Escherichia-Coli-Kulturen. J. gen. Physiol. **24**, 437 (1941).

901. EXNER, FRANK M. and S. E. LURIA: Größenbestimmung von Streptokokken-Bakteriophagen mittels Inaktivierung durch Röntgenstrahlen. Science (N. Y.) **94**, **394** (1941).

902. FISCHER, M. N.: Bakteriophagen, heutige Vorstellung über ihre Natur und den Mechanismus ihrer Wirkung. Arb. II. Leningrad. med. Inst. Sammelband 1939. Ref. Chem. Zbl. **1943 I**, 168.

903. FRÜHBRODT, E. u. H. RUSKA: Untersuchungen über Bakterienstrukturen unter besonderer Berücksichtigung der Bakterienmembran und der Kapsel. Arch. Mikrobiol. **11**, 137 (1940).

904. GRABER, P. et M. ROUYER: Ultrafiltration fractionnée de quelques bactériophages. C. r. Soc. Biol. Paris **135**, 904 (1941).

905. GUELIN, A.: Bactériophages du groupe coli-dysentérique à grandes plages isolés des eaux du bassin de la Seine. Ann. Inst. Pasteur **68**, 481 (1942).

906. D'HERELLE, F.: Le phénomène de la guérison dans les maladies infectieuses. Paris: Masson & Cie. 1938.

907. D'HERELLE, F.: Le critère de la vie. Presse méd. **1942**, No 33.
908. KAUSCHE, G. A., E. PFANKUCH u. H. RUSKA: Die Sichtbarmachung von pflanzlichem Virus im Übermikroskop. Naturwiss. **27**, 292 (1939).
909. — u. H. RUSKA: Die Struktur der „kristallinen Aggregate" des Tabakmosaikvirusproteins. Biochem. Z. **303**, 221—230 (1939).
910. KOTTMANN, U.: Morphologische Befunde aus taches vierges von Colikulturen. Arch. Virusforsch. **2**, 388 (1942).
911. LEMBKE, A. u. H. RUSKA: Vergleichende mikroskopische und übermikroskopische Beobachtungen an den Erregern der Tuberkulose. Klin. Wschr. **1940 I**, 217.
912. LEPINE, P., P. NICOLLE et J. GIUNTINI: Größenbestimmung bei Bakteriophagen mittels Ultrazentrifugation. Ann. Inst. Pasteur **68**, 503 (1942).
913. LEWIN, I. I.: Einfluß von Röntgenstrahlen auf die Dynamik des Bakterienwachstums und der Phagenbildung. Arb. II. Leningrad. med. Inst. Sammelband 1939, S. 88.
914. LISCH, H.: Über die sog. Pyocyanaeusbakteriophagen. Zbl. Bakter. I Orig. **93**, 421 (1924).
915. MAZÉ, P.: Les bactériophages des ferments lactiques. Identification des formés virulentes et des formes peu actives et non spécifiques. C. r. Soc. Biol. Paris **136**, 416 (1942).
916. NETER, E.: Inhibitory effect of sulfamide compounds upon development and growth of phage-resistant bacteria. Proc. Soc. exper. Biol. a. Med. **47**, 20 (1941).
917. PARASCHIVESCU, N.: Über die Struktur der „leeren Stellen" (plages). Arch. roum. Path. expér. **12**, 53 (1942).
918. PIEKARSKI, G. u. H. RUSKA: Übermikroskopische Untersuchungen an Bakterien unter besonderer Berücksichtigung der sog. Nukleoide. Arch. Mikrobiol. **10**, 302 (1939).
919. PUNTONI, V.: L'inclusione di batteriofagi nei cristalli in rapporto alla teoria delle virusproteine cristallizzate. Boll. Ist. sieroter. milan. **20**, 403 (1941).
920. ROUYER, M. et A. GUELIN: Sensibilité relative à la lumière de divers bactériophages. Ann. Inst. Pasteur **68**, 485 (1942).
921. — et R. PRUDHOMME: Action des radiations ultraviolettes sur les bactériophages. C. r. Soc. Biol. Paris **135**, 1126 (1941).
922. RUSKA, H.: Über ein neues bei der bakteriophagen Lyse auftretendes Formelement. Naturwiss. **29**, 367 (1941).
923. — Fragen der Virusforschung. Forschgn u. Fortschr. **17**, 363 (1941).
924. — Morphologische Befunde bei der bakteriophagen Lyse. Arch. ges. Virusforsch. **2**, 345 (1942).
925. — Versuch zu einer Ordnung der Virusarten. Arch. ges. Virusforsch. **2**, 480 (1943).
926. SCHULZ, S. W.: Dynamik der Veränderungen der Ionenzusammensetzung des Mediums bei der Alterung von Bouillonkulturen in Verbindung mit den spontanen, unter diesen Bedingungen entstehenden Bakteriophagen. Arb. II. Leningrad. med. Inst., Sammelband 1939. Ref. Chem. Zbl. **1943 I**, 288.
927. SCHUURMAN, C. I.: Der Bakteriophage — eine Ultramikrobe. Deutsche Übersetzung von FENNER. Bonn: Rohrmoser 1927.
928. SPIZIZEN, J.: Aminosäuren bei der Bildung von Bakteriophagen durch empfängliche Bakterienzellen. J. of biol: Chem. **140**, 124 (1941).
929. WESSEL, E.: Übermikroskopische Beobachtungen an Tuberkelbazillen vom Typus humanus. Z. Tbk. 88, 22 (1942).